Nicole Borgmann

Franz Frosch hat viele Fragen

Chemische Phänomene mit Spaß erkunden

Nicole Borgmann

Franz Frosch hat viele Fragen

Chemische Phänomene mit Spaß erkunden

FREIBURG · BASEL · WIEN

© Verlag Herder GmbH, Freiburg im Breisgau 2009
Alle Rechte vorbehalten
www.herder.de

Umschlaggestaltung, Layoutentwurf und Produktion: GrafikwerkFreiburg
Umschlag- und Innenfotos: Nicole Borgmann, Senden
Textillustrationen: Yo Rühmer, Frankfurt am Main

Gesamtherstellung: fgb • freiburger graphische betriebe
www.fgb.de

Gedruckt auf umweltfreundlichem, chlorfrei gebleichtem Papier
Printed in Germany

ISBN 978-3-451-32280-8

Inhalt

Vorwort — 8

Der Sinn und Eigensinn des kleinen Forschers — 13

Naturwissenschaften im Kindergarten
– Wieso, weshalb, warum? — 14
Das Bild vom Kind — 16
Schweinerei oder Experiment? — 18

Türen auf für die Chemie — 21

Von der Geheimwissenschaft zum Alltagsthema — 22
Chemie ist, wenn es knallt und stinkt!? — 24
Ort und Material für Experimente — 25
Regeln zur Arbeitssicherheit — 28

Chemie im Kindergarten – So geht's! — 29

Eine Einladung für Kinder zu chemischem Wissen — 30
Entdeckendes Lernen – Hypothesen bilden — 32
Die Methodik der Bildrezepte — 35
Das Forscherportfolio — 37
Jeder Versuch beginnt mit einer Geschichte — 40
Franz Frosch ist wieder da! — 41

Kleine Salzwerkstatt mit Franz Frosch — 45

Worum es geht und was für Kinder wichtig ist	46
Salz löst sich in Wasser – Der verschwundene Schatz	48
Wie schmeckt eigentlich Salz? – Salzige Froschpfoten	52
Wie sich Salz in Wasser löst – Forscherfrösche bei der Arbeit	56
Salzwasser erzeugt einen Auftrieb – Franz geht baden	60
Auskristallisierung von Salz durch die Kraft der Sonne – Franz hat weiße Kringel	64
Trennmethode Abdampfen – Demo am Waldteich: „Unser Teich soll salzfrei sein!"	67
Lösen und Auskristallisieren von Salz (2) – Das Weihnachtsgeschenk	71
Salz schmilzt Eis – Franz rettet den Waldteich	74
Salz hilft beim Kühlen – Ein Kühlschrank für die Froschhöhle	77

PRAXIS PRAXIS PRAXIS PRA

Waschtag am Waldteich — 81

Worum es geht und was für Kinder wichtig ist	82
Wasser hat eine Haut!? – Franz erklärt Oskar die Haut des Wassers	84
Spülmittel zerstört die Haut des Wassers – Oskar der Wasserfloh versinkt im Waldteich	88
Spülmittel hat eine besondere Kraft (1) – Die Flucht des Pfeffers	91
Spülmittel hat eine besondere Kraft (2) – Wer erfindet den schnellsten Treibstoff?	94
Spülmittel löst Öl – Die verflixte Quiz-Aufgabe	98
Seife rettet uns vor Viren und Bakterien – Schmutzfink Franz muss Pfoten waschen	101
Seife selber gießen – Franz, der Seifenfabrikant	103
Schaumbildung – Schaumberge in der Küche	106
Warum ist Seifenschaum immer weiß? – Franz will's wissen	110
Seifenblasen – Franz geht auf den Jahrmarkt	113
Eine Geschichte zum Abschluss – Endlich Ferien!	117

Zum guten Schluss — 119

Wissensquiz für schlaue Kids	120
Diplom der Alltagschemie	123
Eine Geschichte zum Erleben und Bewegen – Ein „Loch" in der Froschpfote?!	124
Ein Lied von Franz	126
Literatur	127

Vorwort

Als Leiterin eines Kindergartens mit 70 Kindern sehe ich mich als Praktikerin, als Expertin des Alltags. Das Schreiben gehörte bis vor zwei Jahren nicht zu meinen Hauptbeschäftigungen. Doch als ich einmal damit angefangen hatte, gab es kein zurück mehr. Dass es mir soviel Spaß machen würde, hatte ich nicht gedacht. Auch wenn ich bei meinem ersten Buch noch bezweifelte, dass mein Wissen ausreichen würde, dieses eine Werk „Forschen mit Franz Frosch" zu füllen, merkte ich beim Schreiben sehr schnell, dass ein Buch zu wenige Seiten hatte, um alle meine Erfahrungen im Bereich der naturwissenschaftlich-technischen Früherziehung aus der Praxis für die Praxis weiterzugeben. Aus dieser Motivation heraus und den endlosen Fragen der Kinder an die Welt ist dieser zweite Band „Franz Frosch hat viele Fragen" entstanden.

Täglich stellen Kinder in vielfältiger Weise Fragen an die Welt, systematisch erkunden sie die Dinge, die uns in unserem Alltag umgeben. Davon, wie wir als Erwachsener auf diese Fragen der Kinder antworten, hängt es wahrscheinlich ab, ob Kinder später zu weltoffenen Forschern und Entdeckern im Bereich der Naturwissenschaften werden. *Dieses Buch gibt Antworten auf Fragen, die Kinder in meiner alltäglichen Praxis gestellt haben. Es behandelt keine initiierten Experimente, sondern das, was Kinder in unserem Kindergarten bewegt und zum Forschen motiviert hat.* Da die Kinder diese Fragen im Alltag entwickelt haben, ist klar, dass es sich bei den Grundlagen der Experimente um Stoffe handelt, mit denen Sie ohne Risiko experimentieren können. *Zwei Themen stelle ich im Praxisteil sehr ausdifferenziert dar: Salz und Waschmittel. Zu beiden Themen gibt es einen Versuchskatalog von 10 Experimenten und mehreren Querversuchen. Durch die Einstiegsgeschichten und den thematischen Aufbau der Versuche stehen sie jeweils in einem gut durchschaubaren Handlungsrahmen.*

Aber was hat denn nun ein Frosch mit der Chemie des Alltags zu tun? Sehr viel, denn Franz ist ein neugieriger kleiner Geselle, der den Kindergarten der

Menschen besucht, um mit ihnen gemeinsam zu lernen. *Zusammen mit Franz Frosch können die Kinder ihrem natürlichen Interesse an naturwissenschaftlichen Phänomenen nachgehen. Franz nimmt die Kinder mit auf eine Entdeckungsreise in die große weite Welt der Phänomene des Alltags. Spielerisch und kindgerecht gibt er ihnen knifflige Forschungsaufträge, die sie im Freispiel und Angebot umsetzen können.*

Doch möchte ich mit diesem Buch nicht nur die Kinder, sondern auch Sie als Erzieherin für die Naturwissenschaften begeistern. Ich möchte Sie mitnehmen, den Weg in die Naturwissenschaften auf spielerische, kindgerechte Weise zu wagen und sich vielleicht sogar dafür zu begeistern. Schritt für Schritt werden auch Sie von unserem kleinen grünen Freund begleitet. Franz entführt Sie in die spannende Welt der Chemie und zeigt Ihnen einen Blickwinkel dieser Wissenschaft, der Sie überraschen und faszinieren wird. In den Versuchsbeschreibungen spreche ich immer Sie als Erzieherin an, in der Hoffnung, dass Sie den Forschungsauftrag in individueller Ansprache an Ihre Kindergruppe weitergeben. Damit haben Sie bereits eine wichtige Aufgabe übernommen und ich freue mich, Sie in der Gruppe der naturwissenschaftlich begeisterten Elementarpädagogen begrüßen zu dürfen.

In diesem Buch verwende ich durchgängig die weibliche Anredeform – bitte liebe Kollegen, fühlen Sie sich gleichberechtigt angesprochen. Aber da über 90 Prozent der Erzieher weiblichen Geschlechts sind, war die Wahl für mich naheliegend.

Jedes Projekt braucht Schubkraft und Rückenwind, um voranzukommen. Beides hatte ich reichlich durch fragende Kinder, engagierte Kollegen und Freunde. Auch der Austausch und die Diskussion in der kleinen Gemeinde der Gleichgesinnten, auf dem Gebiet der naturwissenschaftlich technischen Früherziehung, haben mich beeinflusst, ständig und unermüdlich an der Umsetzung und Etablierung der Naturwissenschaften im Elementarbereich weiterzuarbeiten.

Viel Spaß beim Forschen wünscht Ihnen,

Nicole Borgmann

Zum Umgang mit diesem Buch

Kinder sind von Geburt an neugierige Forscher und Entdecker. Diesem Forscherdrang Raum zu geben und die Lust auf die Phänomene des Alltags zu erhalten, darum geht es auch in diesem, meinem zweiten Buch. Wie schwer es ist, Neugier zu erhalten, werden Sie beim Lesen des Buches feststellen. Motiviert werden Sie es aufschlagen und dann vielleicht enttäuscht feststellen, dass es nicht gleich mit spannenden Versuchen losgeht, sondern zuerst einige Kapitel Theorie zu bewältigen sind.

Bevor Sie an dieser Stelle das Buch zur Seite legen, beginnen Sie einfach mit dem Praxisteil. Dieser ist durch den Wechsel von Geschichten, Experimenten und kleinen Theoriefragmenten anschaulich gestaltet und durchgängig mit einem Spannungsbogen gekennzeichnet. Vielleicht motiviert Sie als Leser der Praxisteil sogar dazu, sich auch mit der Theorie des Forschens zu beschäftigen. Ein wenig Theorie kann das Forscherleben oftmals ungemein erleichtern.

Dieses Buch ergänzt in der Theorie mein erstes Buch „Forschen mit Franz Frosch". „Franz Frosch hat viele Fragen" befasst sich besonders mit der Methodik und Didaktik, während im ersten Buch der Schwerpunkt mehr auf der Arbeitsplatzgestaltung lag. Das Wissen um Methodik und Arbeitsplatzgestaltung wird Ihnen die Planung der Versuchseinheiten erleichtern. Die in der Theorie beschriebenen Ziele werden Ihre Sorge, ob sie die geeignete Pädagogin für die Naturwissenschaften sind, verringern. *Im Folgenden geht es nicht darum, vor den Kindern als allwissender Erwachsener aufzutreten, es geht nicht um die Vermittlung bloßen Wissens, sondern vor allem darum, die Neugier an der Umwelt zu wecken und voranzutreiben.*

Der Praxisteil ist so gestaltet, dass er Kinder zum flexiblen Fragen und Denken anregt, Neues möglich macht und Kinder darin unterstützt, fachliche Antworten auf die sich täglich stellenden Fragen zu finden. Sie merken, Sie müssen nicht erst Naturwissenschaften studieren, um die Kinder bei den Versuchen zu begleiten.

Dieses Buch beschäftigt sich mit der Chemie des Alltages, trotzdem fließen an einigen Stellen andere Naturwissenschaften mit ein. Diese Vermengung der Disziplinen ist im Alltag erwünscht, eine ausschließliche Beschäftigung nur mit einer Wissenschaft während der gesamten Kindergartenzeit wäre falsch. Die Fragen der Kinder werden sie in andere Wissenschaften leiten, die im Buch beschriebene Theorie ist übertragbar – ein weiterer Grund, sie zu lesen.

Ich hoffe, ich habe Ihre Neugier für die Theorie des Buches bereits an dieser Stelle geweckt. Sollte mir dies noch nicht gelungen sein, hier noch eine Besonderheit, die sich ebenfalls im Theorieteil meiner beiden Bücher versteckt: *Die für die Kindergartenpraxis existenzielle Frage, wie Sie von der Versuchsvorführung zur freien Laborzeit, also vom Angebot zum Freispiel kommen, wird im Theorieteil beider Bücher bearbeitet.*

Bestimmt werden sich die Leser, die nicht in der Praxis arbeiten, jetzt fragen, warum ich am Anfang dieses Buches eine Motivationsphase für die Theorie und die Neugier einfüge? Dies mache ich aus meiner langjährigen Praxiserfahrung heraus. Leider reicht die Zeit im Alltag des Kindergartens oft nicht aus, ein Buch ganz zu lesen. Aus der Not heraus, weil man die Praxis gestalten muss, beginnt man dann mit dem Praxisteil des Buches und vergisst irgendwann – bedingt durch den Alltagsstress – sich mit Theorie zum eigenen Gewinn zu beschäftigen, das eigene Wissen zu erweitern und so etwas für sich selbst zu tun.

THEORIE

Der Sinn und Eigensinn des kleinen Forschers

Naturwissenschaften im Kindergarten – Wieso, weshalb, warum?

Am Anfang jeder Forschung steht das Staunen.
Plötzlich fällt einem etwas auf.
Wolfgang Wickler

„Naturwissenschaftliches Wissen gehört zu den Grundkenntnissen, über die jedes Kind verfügen sollte, um zu wachsen und sich in unserer Gesellschaft zu orientieren. Es öffnet Möglichkeiten, sich der Welt über einen realistischen Weg zu nähern." Mit solchen oder ähnlichen Argumenten werden die Naturwissenschaften dem Elementarbereich heute verstärkt zur Bearbeitung nahe gelegt. Berechtigterweise könnten Sie jetzt sagen, dass Sie sich die Welt in Ihrer Kindheit auch ohne naturwissenschaftliche Früherziehung im Kindergarten erarbeitet haben. Also geht es doch auch irgendwie ohne frühkindliche Bearbeitung dieser Materie, oder? Bevor Sie mit dieser Früherziehung in Ihrem Kindergarten beginnen, sollten Sie sich die Frage stellen, warum Sie die Thematik in den Elementarbereich holen wollen. Argumente für diese Entscheidung könnten sein:

a) Naturwissenschaftliche Früherziehung ist derzeit in aller Munde. Doch das sollte nicht das ausschlaggebende Argument sein, um diese Thematik in den Kindergarten einzubringen.
b) Die Hoffnung der Bildungspolitiker, mit mehr früher Bildung im Elementarbereich einen Ausweg aus dem Pisa-Desaster zu finden, könnte uns in unserer Entscheidung beeinflussen, aber überzeugt sie uns auch?
c) Außerdem wären da noch die Wünsche der deutschen Wirtschaft, die dringend auf qualifizierten Nachwuchs aus unseren Reihen wartet.
d) Nicht zu vergessen die Eltern, auch sie haben Wünsche an uns. Durch die Öffentlichkeit auf diese Thematik aufmerksam gemacht, möchten sie, dass wir ihren Nachwuchs so früh wie möglich auf eine optimale Leistungsschiene bringen.

e) Obendrein wären da noch die Bildungspläne. Der Bildungsbereich Naturwissenschaften wird in allen Bildungsplänen der verschiedenen Bundesländer aufgegriffen. Dieses untermauert seine Wichtigkeit.

Die Naturwissenschaften bringen demzufolge, bevor wir überhaupt mit ihnen beginnen, große Anforderungen mit sich. Wie sollen wir mit ein paar Experimenten alle diese Anforderungen erfüllen, werden sich viele Pädagogen an dieser Stelle fragen? Nimmt man all diese Gründe unter die sprichwörtliche Lupe, kann man Folgendes feststellen:

Argument a): Die öffentliche Diskussion um die Naturwissenschaften im frühkindlichen Bereich hat gezeigt, dass der Elementarbereich als Glied der Bildungskette gefordert und geschätzt wird. Sie fordert uns auf, unseren Bereich zu reflektieren und gibt uns die Chance, ihn in Teilen zu reformieren.

Argument b): Die Bildungspolitiker versuchen zu Recht, die Bildung in Deutschland zu verbessern. Sie haben es mit ihren Diskussionen geschafft, den Fokus auf die Wichtigkeit des Elementarbereichs und seiner Bedeutung für die Bildung zu lenken. Sie haben durch ihre Argumente und gesetzlichen Veränderungen deutlich gemacht, dass es sich lohnt, in frühe Bildung zu investieren. Sie geben uns Rückhalt auf dem Weg neuer, innovativer Konzepte.

Argument c): Die deutsche Wirtschaft will durch frühe Bildung den Forschungsstandort Deutschland sichern und sich für die Zukunft Deutschlands einsetzen. Viele Unternehmen unterstützen diesen Wunsch nicht nur mit Worten, sondern auch mit Taten, indem sie Projekte im frühkindlichen Bereich finanziell unterstützen.

Argument d): Die Eltern möchten ihren Kindern die besten Einstiegschancen in unsere Gesellschaft bieten. Sie zeigen damit, dass sie offen sind für Neuerungen.

Argument e): Nicht zuletzt haben Wissenschaftler versucht, durch ihre Bildungspläne Strukturen für die Thematik „Naturwissenschaften im Kindergarten" zu schaffen.

Alle diese Argumente sind wichtig, regen zum Nachdenken an und zeigen, dass auch aus dem gesellschaftlichen Blickwinkel die Türen für Naturwissenschaften im Kindergarten gerade sehr weit offen stehen. Letztlich überzeugt haben mich aber die Kinder. Sie haben mich bewogen, die naturwissenschaftlich-technische Früherziehung in den Kindergarten zu holen und an der Etablierung dieses Fachbereiches zu arbeiten.

Kinder sind in diesem Alter auf eine wunderbare Weise empfänglich für Naturwissenschaften. Diese mit ihnen zu erleben und sie ihnen eröffnen zu dürfen, ist eine wundervolle Erfahrung. Es ist, als dürfte man die Welt noch einmal neu entdecken. In der naturwissenschaftlichen Früherziehung sieht man die Kinder wachsen, man erlebt, wie sie sich in unserer Gesellschaft immer besser zurechtfinden. Sie auf diesem Weg zu begleiten, erfordert Mut. Es erfordert Bereitschaft, sich für Überraschungen zu öffnen, zu akzeptieren, nicht alles zu wissen und nicht immer fertige Antworten parat zu haben. Bei dem Versuch, die Naturwissenschaften in den Kindergarten zu holen, können Sie nur gewinnen. Die Freudenschreie der Kinder beim Entdecken neuer Phänomene, der Spaß, im Dialog mit dem Kind einen gemeinsamen Weg zu gehen, und die Erweiterung eigener Kenntnisse werden Sie für Ihren Mut belohnen.

Das Bild vom Kind

Grundlage jedes pädagogischen Handels ist ein bestimmtes Bild vom Kind. Von diesem Bild und den damit verbundenen Kriterien hängt es auch in der naturwissenschaftlichen Früherziehung ab, wie ich mein pädagogisches Planen und Handeln gestalte.

Unter Berücksichtigung der Erkenntnisse der heutigen Kleinkindforschung werden Kinder von Geburt an als kompetent angesehen. Schon der Säugling beginnt mit der Erforschung seiner Umwelt. Wir wissen aus dieser Forschung, dass bereits Kinder im Elementarbereich über die kognitiven Voraussetzungen verfügen, sich mit Themen der naturwissenschaftlichen Früherziehung auseinanderzusetzen. Das heißt, dass das Denken, also grundlegende Fähigkeiten wie Wahrnehmung, Aufmerksamkeit, Lernen, Merkfähigkeit in diesem Alter weit genug entwickelt sind, um naturwissenschaftliche Phänomene zu begreifen. *Wir betrachten das Kind als wissbegierigen Forscher, der ständig bestrebt ist, sein Weltwissen zu erweitern. Wir erkennen in ihm vielfältige Kompetenzen und verlassen uns darauf, dass es in der Lage ist, die Welt durch seine Persönlichkeit und seine Forschung zu bereichern.* Von diesem Menschenbild ausgehend können wir die naturwissenschaftliche Früherziehung in die alltägliche Erlebniswelt der Kinder einbauen.

Auf die Kinder vertrauen, bedeutet im Einzelnen:
- die subjektive Wirklichkeit des Kindes wahrzunehmen, alle Phänomene auch aus ihrer Perspektive zu betrachten,
- den Blick auf das zu richten, was das Kind schon kann, statt auf das, was es noch nicht kann,
- erwachsenes Vorauseilen und Besserwissen zurückzunehmen, das Kind seine eigene Welt erforschen lassen,
- dem Kind das Wort zu geben, es an Entscheidungen zu beteiligen, es um Rat zu fragen und bereit zu sein, sich von ihm beeinflussen zu lassen,
- die Entwicklungsbedingungen des Kindes zur Grundlage der pädagogischen Arbeit zu machen.

Vertrauen in die Kinder zu haben, bedeutet nicht:
- ihnen keine Grenzen zu setzen,
- nur zuzuschauen,
- oder Kinder allein zu lassen.

Das Vertrauen ins Kind fällt uns im Bereich der Naturwissenschaften oft noch schwer. Häufig finden Sie in Kindergärten immer noch den Erwachsenen, der es als Zauberer für die Kinder im Versuch knallen und zischen lässt, oder den Pädagogen, der hofft, dass das Kind einer inneren Motivation folgend seinen Weg im frühkindlichen Forschen allein findet. Beide Wege werden zu wenig Erfolg führen.

Es geht in diesem Buch darum, eine Balance zu entwickeln, zwischen inhaltlichen und strukturellen Vorgaben der Erzieher einerseits und den eigensinnigen, die Welt entdeckenden Schritten der Kinder andererseits. Ich greife in diesem Band zwei, von den Kindern entdeckte und mit besonderem Interesse verfolgte Phänomene des Alltags auf und bereichere sie durch Akzente, um genau diese Balance zu erhalten. Forschende Kinder sind Kinder auf dem Weg zur Bildung.

Doch dürfen wir bei aller Bildung nicht vergessen, dass sie Kinder sind:
- die spielen wollen,
- die sinnlich lernen,
- die Zeit brauchen für Beobachtung,
- die sehr kommunikativ sind in ihrer Forschung,
- die lustvoll, utopisch und manchmal verrückt forschen
- und die viel Fantasie und Kreativität in die Forschung einbringen.

Schweinerei oder Experiment?

Die großen Leute verstehen nie etwas von selbst, und für uns Kinder ist es zu anstrengend, es ihnen immer und immer erklären zu müssen.
Antoine de Saint-Exupery

„Wir hätten es Schweinerei nennen können, aber wir haben es Experiment genannt", zitiert Donata Elschenbroich ein Elternpaar. Häufig denke ich an dieses Zitat, wenn ich in unser Forscherlabor blicke. Ein Labor, das kein Labor im eigentlichen Sinne ist, sondern eine Ansammlung von Alltagsphänomenen und -gegenständen. Hier befinden sich keine Schautafeln und Sammlungen toter Tiere, sondern es tobt das wahre, oft chaotische Leben. Zwischen Wasserecke, Stromecke und Chemielabor tummeln sich immer wieder ein paar Stabheuschrecken, die den Kindern entkommen sind, oder man beobachtet ein Schneckenrennen auf einem der Arbeitstische. Unsere übersichtlich gestaltete Umgebung nutzen die Kinder auf ihre ganz eigene Art zum Forschen.

Unentwegt kann man in unserem Labor und in den anderen Bereichen des Kindergartens Kinder beobachten, die experimentieren. Sie versuchen durch ihr Tun herauszufinden, wie etwas funktioniert, wie es zusammengehört, wie die Welt, in der sie leben, beschaffen ist. Nicht immer ist der Zweck dieser Experimente gleich ersichtlich. Teilweise würde ich die „Schweinerei" gerne unterbinden: wenn zum Beispiel der Boden im Wasserlabor überschwemmt ist oder die Kinder im Chemielabor einfach nur „matschen". Die Gradwanderung zwischen „matschen" und „echtem" Forschen ist für den erwachsenen Betrachter oft schwierig zu erkennen. *Kinder schauen aus einem anderen Blickwinkel auf die Phänomene des Alltags. Manchmal führt dies zu Umwegen im Denkprozess und im Versuch. Häufig aber sehen Kinder mit diesen Augen Wunderdinge, die für uns kaum erkennbar sind.* Ohne die Frage eines Jungen: „Warum entsteht beim Waschen mit roter Seife weißer Schaum?", hätte ich mich mit dieser Thematik wahrscheinlich niemals beschäftigt. Ich hätte sein Forschen als übermäßigen Seifenverbrauch abgetan und nicht als durchaus wichtigen Forschungsprozess geschätzt.

Durch unsere Bildungsbiografie und unser Wissen geprägt, haben wir oft keinen Blick mehr für Phänomene und können glücklich sein, zu erleben, wie Kinder uns diese neu zeigen. Wir können uns darin schulen, uns den Kindern und ihrer individuellen Welt zu nähern. Auch wenn dieser Weg viel Mühe und Nerven kostet.

„Kinder sind anders!" hat Maria Montessori einmal festgestellt. Die Forschung der Kinder hat oft eine Form, die für uns nicht in das Bild eines ordentlichen Versuchsverlaufs passt. Kinder denken anders, finden andere Erklärungen für Sachverhalte und messen anderen Dingen eine Bedeutung zu als wir. Wir verkennen kindliche Forscher deshalb schnell, erkennen ihre individuelle Versuchsanordnung nicht und unterbrechen sie manchmal voreilig. Ein fataler Fehler, denn Kinder, die in der Auseinandersetzung mit ihrem Forschungsgegenstand gestört werden, verlieren wichtige Erkenntnisse und vielleicht sogar das Interesse an ihrem Fachgebiet. *Wir sollten bewusst die Forschung der Kinder anerkennen und nicht zu früh versuchen, sie in unsere Schablone eines ordentlichen Forschers zu packen.* Kinder beim Experimentieren zu begleiten, erfordert Feingefühl, Nerven und Geduld. Übermäßiges Einmischen richtet Schaden an, genauso wie zu große Zurückhaltung. Die Kunst besteht darin, zum richtigen Zeitpunkt Impulse zu geben. Diese Kunst zu beherrschen, ist Auftrag des Kindergartens.

Die Experimente dieses Buches folgen keiner fachwissenschaftlichen Systematik, sondern greifen einfach zwei Substanzen des Alltags auf, die wir den Kindern durch verschiedene Experimente näher bringen. Es kommt hierbei nicht darauf an, den Kindern naturwissenschaftlich korrekte Erklärungen zu geben, sondern darauf, die Kinder mit den hier vorgeschlagenen Experimenten zum Staunen und Fragen zu bringen. Damit haben wir schon viel erreicht! Naturwissenschaftliche Erklärungen können hieran anknüpfen.

Das Staunen ist die Saat, aus der das Wissen wächst.
Georg Christoph Lichtenberg

Große, fragende, skeptisch oder gar entsetzt dreinblickende Augen sehe ich häufig, wenn ich erkläre, dass unser Kindergarten ein Chemielabor besitzt. Erzieher oder Lehrer sind fasziniert, wenn sie in diesem Bereich hospitieren. Dass Erwachsene über das Selbstverständliche, Alltägliche so erstaunt sein können, begeistert auch mich auf meinem Weg durch die Naturwissenschaften immer wieder. Denn dass Kinder über einfache naturwissenschaftliche Phänomene staunen können, ist mir schon sehr lange klar. Sie staunen über das Neue, Unbekannte. Sie werden durch das Staunen motiviert, es zu erforschen. Ihre Neugierde für ein Phänomen ist schnell geweckt, sie möchten das Unbekannte verstehen und sich vertraut machen. *Das Staunen erzeugt immer wieder neue Fragen und führt dazu, dass die Kinder ihr Wissen erweitern wollen.*

Dagegen ist die Erkenntnis, dass Erwachsene über bekannte Phänomene staunen können, für mich eher überraschend. Immer wieder beobachte ich Erwachsene, die den Forschungsgegenstand selbst ungern aus der Hand geben, weil das Spiel mit den Naturwissenschaften sie fasziniert. Ich erinnere mich an einen Morgen in meiner Einrichtung, an dem ich einen kleinen Flaschentaucher aus einem Aromafläschchen gebastelt habe und den Kindern den Auftrag gab, daran weiter zu arbeiten. Funktioniert das Phänomen auch mit Tinte in dem Fläschchen? Warum sinkt und steigt das Fläschchen? Dies waren Fragen, die ich den Kindern mit auf den Weg gegeben habe. Die Antworten präsentierten mir kurze Zeit später meine Kollegen. Die Fragestellung und das Spiel mit dem Taucher hatten sie so sehr fasziniert, dass sie die Kinder darüber vergaßen. Auch im Unterricht einer 10. Klasse wollte ich den Schülern meinen Versuch in die Hand geben, aber mein Taucher wurde ebenfalls durch die Lehrer abgefangen. Begeistert versuchten sie, den Taucher immer wieder steigen und sinken zu lassen. Wahrscheinlich ist es bei den Erwachsenen die plötzliche Konfrontation mit dem Selbstverständlichen, was in veränderter, differenzierter Form neue Wahrheiten ans Tageslicht bringt.

Unsere Welt ist voller Wunder. Man muss sie nur sehen wollen. Mit etwas naturwissenschaftlichem Wissen kann man einige davon besser verstehen. Trotzdem bleiben sie immer noch Wunder – auch wenn wir eine Erklärung dafür gefunden haben. Viele Experimente sind geheimnisvoll und bringen große und kleine Menschen zum Staunen. Dieses Staunen, dieses neue Erleben der Alltäglichkeiten ist es, was uns beim Forschen mit Kindern begleitet. Die Welt durch die Augen der Kinder zu sehen ist etwas, das naturwissenschaftliche Früherziehung uns ermöglicht. *Genießen Sie das Forschen mit Kindern, das Staunen und gemeinsame Lernen. Und versuchen Sie den Spaß, den Sie bei der praktischen Arbeit haben werden, in Situationen der Planung und Erarbeitung mitzunehmen. Nutzen Sie diese zweite Chance, die Welt neu zu entdecken.*

Türen auf für die Chemie!

Von der Geheimwissenschaft zum Alltagsthema

Lehrer und Lehrerinnen, Erzieher und Erzieherinnen, allein oder im Team, sind keine Spezialisten eines besonderen Bildungsbereiches oder Faches, sondern Spezialisten in der Erziehung und Bildung der Kinder, die sie bei der Entdeckung der Welt begleiten.

Jedes Fach, jeder Bildungsbereich, den man innerhalb dieser Einheit, die die Gruppe oder Klasse darstellen, unterrichtet, trägt zum Aufbau der Persönlichkeit und des Wissens des Kindes bei.
La main à la pâte, Georges Charpak

Chemie ist eine Wissenschaft, der sich Erzieherinnen nur sehr ungern nähern: zu gefährlich, zu undurchsichtig, nicht spielerisch genug. Dies sind Vorurteile, denen ich sehr häufig begegne. Hinzu kommt die unzulängliche Ausbildung der Erzieherinnen in diesem Bereich. Weil sie zudem sehr an Sicherheitsregeln orientiert sind, trauen sie sich oft nicht, unkonventionelle Wege des Lernens einzuschlagen. Bevor der Chemie die Türen in die Kindergärten geöffnet werden, muss sie sich von der Geheimwissenschaft zum Alltagsthema, von der Theorie zur Praxis wandeln.

Für viele Menschen fängt die Chemie erst beim Auswendiglernen von Formeln an. Oder beim Wissen um Moleküle, Atome, Elektronen, Protonen, Neutronen. Aber wird Chemie wirklich erst dann verständlich, wenn man Wissen über diese nicht-sichtbaren Teilchen hat? All diese theoretischen Überlegungen sind für den Kindergarten letztlich wenig interessant. Reizvoll für Kinder ist der Nutzen, den die Chemie uns allen bringt.

Trotz ihres schlechten Rufes (es gilt im allgemeinen Sprachgebrauch ja eher als negativ, wenn alles „voller Chemie" ist) trägt die Chemie zur Steigerung unserer Lebensqualität bei. Schon das ist ein Grund, dieses Thema im Kindergarten zu bearbeiten: Es ist eine Investition in die Zukunft. *Denn wenn Kinder bereits im Kindergarten lernen, dass Chemie etwas Spannendes sein kann, dann werden sie sich auch im weiteren Leben dafür interessieren.*

Eine zweite wichtige und auf gar keinen Fall zu vernachlässigende Begründung liegt in dem riesigen Spaß, den Kinder bei chemischen Experimenten haben. Chemie für Kinder hat viel mit „matschen", mengen und ausprobieren zu tun. Das alles sind Beschäftigungen, die Kinder ganz klar lieben.

Und ein dritter, aber bestimmt nicht letzter Grund ist der, dass Kinder bereits im Kindergarten sehr sensible Antennen für die Faszinationen der Chemie haben und ihr Wissenshunger nie wieder so groß sein wird wie in diesem Alter. *Im Kindergarten haben sie die Chance, sich durch eigenes Ausprobieren Wissen anzueignen, sie können mischen und experimentieren, ohne dass jemand in ihren Forschungsauftrag hineinplatzt. Nie wieder haben sie so gute Voraussetzungen, sich auf spielerische Weise einen Begriff von der Welt zu machen.*

Ein vierter wichtiger Grund, der die Chemie für den Einsatz im Kindergarten ideal macht, ist, dass sie Phänomene des Alltags erklärt. Sie beantwortet Fragen, die auch für viele Erwachsene häufig unbeantwortet bleiben, weil sie sich diese einfach nicht stellen. Vielfach fallen sie ihnen nicht ein oder sie erscheinen ihnen zu unbedeutend. Oder haben Sie sich schon einmal dafür interessiert, warum die Brausetablette im Wasserglas blubbert? Oder warum sich der Zuckerwürfel morgens in Ihrem Kaffee löst? Die Chemie hat somit einen großen Anteil an der Persönlichkeitsbildung eines jeden Kindes. Sie merken: Chemie im Kindergarten ist nicht nur spannend für Kinder, sondern auch für Erzieherinnen. Herzlich willkommen also in der faszinierenden Welt der Chemie.

Chemie ist, wenn es knallt und stinkt!?

Ganz so leicht ist es nicht, den Begriff Chemie zu definieren. Chemie ist erst einmal eine Wissenschaft. Wissenschaftler sammeln Zahlen und Fakten, stellen Fragen und versuchen sie in ihrer speziellen Art zu beantworten. *Wissenschaft ist eine Methode, das Universum zu überprüfen. Wissenschaftler sind wie Kinder, sie wundern sich, wollen das „Warum" herausfinden und experimentieren, um die Welt zu verstehen.*

Die Wissenschaft, die wir in diesem Buch betrachten, ist die Chemie des Alltags, obwohl wir wissenschaftlich gesehen mit den Experimenten, die wir bearbeiten, auch in der Physik liegen. Doch im Kindergarten bleibt die klassische Wissenschaft erst einmal vor der Tür, das was wir vermitteln wollen, muss nicht einer klassischen Definition entsprechen, sondern den Kindern einen Einblick in die Fachrichtung geben. Die wissenschaftliche Abgrenzung zwischen Chemie und Physik ist in diesem Alter unsinnig. „Ob Experimente physikalisch oder chemisch sind, da sollen andere drüber streiten" (Elschenbroich 2002).

Allen Lebensprozessen in Menschen, Tieren und Pflanzen liegen chemische Prozesse zugrunde. Chemie ist überall:
- Abbrennen einer Kerze – Chemie
- Rosten von Eisen – Chemie
- Blubbern von Brause – Chemie
- Kochen, Backen oder Braten – Chemie
- Verbrennungsmotoren – Chemie
- Arzneimittel – Chemie
- Wasch- und Putzmittel – alles Beispiele für Chemie im alltäglichen Leben!

Die Chemie ist die Lehre von Zusammensetzung und Eigenschaften der Materie und den Veränderungen, denen sie ausgesetzt ist. Materie bedeutet reine Substanzen oder Mischungen davon. In der Chemie können Sie beobachten, wie chemische Veränderungen stattfinden. Sie können Neues herausfinden und Fragen durch Experimente beantworten. Der Chemiker kann Behauptungen aufstellen und diese überprüfen. Er kann Substanzen analysieren, zum Beispiel Wasser, um herauszufinden, wie viel Kalk darin ist. Er kann neue Substanzen entwickeln oder physikalische Eigenschaften von Stoffen erforschen, wie zum Beispiel den Schmelzpunkt einer neuen Substanz.

Fortschritte in verschiedenen Teilbereichen der Chemie sind oftmals Voraussetzungen für neue Erkenntnisse in anderen Wissenschaften, besonders in der Biologie und Medizin, aber auch im Bereich der Physik. Betrachten wir einmal den Bereich der Medizin, hier ist die Chemie bei der Suche nach neuen Medikamenten und bei der Herstellung von Arzneimitteln unentbehrlich. Die Chemie ist oft gerade da, wo wir sie am wenigsten erwarten. Denken Sie einfach mal an den Hausputz. Viele Hausfrauen verzichten oft sehr bewusst auf chemische Putzmittel. Als Ersatz verwenden sie Haushaltsprodukte wie Essig zum Kalklösen. Dass auch dieser Vorgang reine Chemie ist, ist den wenigsten bekannt. Das Putzen „ohne Chemie" (im umgangssprachlichen Sinn) wird also zum chemischen Vorgang. *Chemie ist also ein wichtiger Bestandteil unseres täglichen Lebens und etwas über Chemie zu wissen, hilft nicht nur Kindern mit ihrer Umwelt besser zurechtzukommen.*

Ort und Material für Experimente

Bevor sich jetzt in Ihrem Kopf, trotz dieser kleinen Einführung in die Chemie des Alltags, ein Raum voller gefährlicher Substanzen entwickelt, möchte ich an dieser Stelle erläutern, dass ein Chemielabor im Kindergarten sehr wenig mit einem echten Labor zu tun hat. Ob Sie mit einer Forscher-Kiste oder einem kleinen Labor beginnen, diese Entscheidung müssen Sie treffen. Die Chemie des Alltags lässt sich mit beiden Methoden erklären.

Die Forscher-Kiste:

Forscher-Kisten können Sie zu jedem Teilbereich der Chemie des Alltags vorbereiten. Sie sind transportabel, brauchen wenig Platz und können spontan eingesetzt werden. Ihr Ziel ist es, Kindern erste Erfahrungen im Bereich der Chemie des Alltags zu ermöglichen. Die Kisten haben den Vorteil, dass sie gruppenübergreifend eingesetzt werden können. Das heißt, einmal vorbereitet, können sie im ganzen Kindergarten genutzt werden. Durch so ein Kisten-System können Sie platzsparend ein breites Themengebiet anbieten. Die im Praxisteil beschriebenen Experimente würden zum Beispiel eine Kiste zum Thema Salz und eine Kiste zum Thema Waschmittel ergeben. Die Kisten sollten so vorbereitet sein, dass sie alles Material enthalten und Sie direkt anfangen können.

Das Chemielabor:

Das Chemielabor im Kindergarten bietet gleichzeitig für mehrere Themengebiete Platz. Das Material bleibt nach der Versuchsreihe erreichbar, die Kinder können auf den gelernten Versuch immer wieder zugreifen. Der kindliche Forscher kann autonom entscheiden, wann er welches Thema wie lange aufgreift. Das Chemielabor verfolgt das Ziel, dem Kind räumliche Möglichkeiten zu schaffen, um sich selbst ein detailliertes Bild von der Welt zu machen und um sich aktiv mit Ursache- und Wirkungsphänomenen auseinanderzusetzen. Es bietet dem Kind die Möglichkeit, verschiedene Themengebiete zu vernetzen. Voraussetzung für dieses Spiel ist eine kindgerechte Themen- und Versuchsaufbereitung, in der Kinder zu sinnvollem Handeln angeregt werden und durch aktives Ausprobieren zu Antworten und Erklärungen kommen.

Es bleibt nur noch die Frage, wie dies in der wirklichen Praxis aussieht. Den Mittelpunkt des Labors sollte ein Arbeitstisch bilden, der den notwendigen Sicherheitsstandards (zum Beispiel Feuerfestigkeit) entspricht und trotzdem eine für Kinder angemessene Arbeitshöhe hat. Findet man so einen Tisch nicht, können Sie auch einen normalen Kindergartentisch fliesen lassen. Für die Materialunterbringung empfiehlt es sich, auf ein Metallregal zurückzugreifen, anstatt die Kindergarten-Holzmöbel zu ruinieren. Die Erfahrung zeigt, dass Holz nicht geeignet ist – auch ich habe im Erstversuch gemeinsam mit den Kindern mehrere Tische durch zu viel Flüssigkeit beschädigt. Zur Aufbewahrung von Streichhölzern und anderen gefährlichen Stoffen empfiehlt sich ein abschließbarer

Medikamentenschrank aus dem Baumarkt. Bevor ich es vergesse: Vorhänge und Teppiche haben selbstverständlich in einem Kindergarten-Chemielabor nichts zu suchen.

Damit ist die räumliche Grundausstattung schon geschaffen und Sie können sich an die materielle Ausgestaltung des Labors machen. Auch hier ist es nicht so einfach, die Wissenschaft der Großen auf Kinderhöhe „herunterzubrechen". Da ist zum Beispiel die Frage nach der Beschaffenheit des Materials. Soll man im Kindergarten eher bruchsichere Reagenzgläser aus Plastik benutzen oder das Wagnis gläserner Gefäße eingehen? Im Nachhinein kann ich berichten, dass die Reagenzgläser aus Plastik zwar bruchsicher, aber leider für viele Stoffe ungeeignet sind, da man sie nicht mehr reinigen kann.
Zur Ausstattung gehören weiterhin Petrischalen, in denen Kinder mischen und mengen können, Pipetten (Einmalpipetten aus Plastik 1–3 ml), Glastiegel mit Stövchen (Stativbrücke), Schläuche und Flaschen sowie Forscherbrillen (Schutzbrillen), die die Kinder beim Forschen im Labor immer tragen sollten. Diese Arbeitsmaterialien können bspw. über das Internet bestellt werden.

Erste „Chemikalien" in unserem Labor können sein: Salz, Zucker, Zitrone, Backpulver, Pfeffer, Essig (Vorsicht, keine Essigessenz verwenden!) und Spülmittel. Alle Chemikalien sollten nur in kleinen Mengen zur Verfügung gestellt werden. Mit dieser Grundausstattung können Sie Ihr Chemielabor eröffnen, nachdem Sie die Kinder gründlich auf die Sicherheitsregeln hingewiesen haben.

Regeln zur Arbeitssicherheit

1. Beim Forschen darf weder gegessen noch getrunken werden.

2. Beim Forschen im Chemielabor müssen die Kinder immer eine Schutzbrille tragen. Auch wenn diese nur bei wenigen Versuchen notwendig ist, sollte sie ein Muss sein, da die Kinder die Gefährlichkeit der Versuche noch nicht einschätzen können.

3. Bevor man mit dem Experimentieren mit Feuer beginnt, muss immer ein Eimer mit Wasser (geeignet sind auch Sand oder eine Löschdecke) bereitgestellt werden.

4. Lange Haare sollten beim Experimentieren z. B. mit Feuer immer zusammengebunden werden. Auch lange Pulloverärmel sollten hochgekrempelt werden, um nicht in die Flamme zu geraten.

5. Experimente mit Feuer müssen immer auf einer feuerfesten Unterlage durchgeführt werden.

6. Nach dem Forschen müssen die Hände gewaschen werden, denn die Kinder haben vielleicht Substanzen an den Händen, die nicht in Mund oder Augen gelangen dürfen (zur Vorsicht sollte eine Augendusche im Arzneischrank sein).

7. Lebensmittel sollten aus der Originalverpackung in beschriftete Vorratsgefäße umgefüllt werden. Alle Gefäße im Forscherlabor müssen mit ihrem Inhalt beschriftet sein.

8. Beim Experimentieren muss ein Erwachsener dabei sein.

Diese Arbeitssicherheitsregeln sollten beim Forschen im Kindergarten unbedingt beachtet werden.

Chemie im Kindergarten
– So geht's!

In diesem Kapitel stelle ich Ihnen verschiedenste Methoden zur Unterstützung des Freispiels und Angebots in der naturwissenschaftlichen Früherziehung im Kindergarten vor. Beide Bereiche benötigen zum Gelingen eine gut durchdachte Planung und Methodik. Der Forscherbereich im Kindergarten ist noch nicht so erprobt wie beispielsweise ein Baubereich oder eine Puppenecke, welche auf eine sehr lange Erprobungszeit zurückblicken können und durch diese zu einer gewissen Perfektion gelangt sind. Das Forschen im Elementarbereich dagegen ist noch ungewohnt. Die folgenden Methoden bieten Ihnen eine Unterstützung in diesem Bereich, die das Ungewohnte mit dem Gewohnten verbindet. Viele der von mir aufgeführten Methoden werden Sie aus anderen Bereichen des Kindergartens wiedererkennen.

Eine Einladung für Kinder zu chemischem Wissen

Sobald Sie Kinder in die Welt der Chemie einladen, wird der Gruppenraum zum Chemielabor. Aber wie schaffe ich optimale Bedingungen zur Nutzung des Labors? Welche Methode ist die richtige, um Wissen in diesem neuen Bereich des Kindergartens zu vermitteln? Wäre ein freies Spiel im Chemielabor denkbar? Bringen Kinder genügend Kompetenzen zur freien Nutzung eines Chemielabors mit? Reicht es, ein Chemielabor so einzurichten, dass es alleine durch die Atmosphäre zur kreativen Beschäftigung mit dem Forschermaterial herausfordert? Ist ihre Erfahrung über die Beschaffenheit und den Umgang mit dem Labormaterial ausgeprägt genug, um frei mit ihm umzugehen? Sind den Kindern die Informationen zur Arbeitssicherheit in diesem Bereich bekannt, und sind sie in der Lage, diese Regeln selbstständig zu beachten?

In vielen anderen Bereichen der naturwissenschaftlichen Früherziehung würde ich diese Fragen mit „Ja" beantworten. Im Bereich der Chemie wird das freie Spiel anfangs nicht ausreichen, um die Kinder für die Phänomene zu begeistern. Im Angebot haben wir die Gelegenheit, Fähigkeiten und Fertigkeiten bei den Kindern anzulegen, die den Umgang mit dem Material im Freispiel erleichtern und arbeitssicher machen. In dieser Phase greifen wir Interessen und Bedürfnisse der Kinder auf. Das Angebot stellt eine hohe Anforderung an uns, denn die

Kinder erwarten Informationen, Spannung und Aktion. Die Erfüllung aller drei Komponenten wird Ihnen im Bereich der Chemie nicht schwer fallen, da sie vieles bereithält, was überrascht, spannend, aktionsreich und anschaulich ist. Mit jedem Angebot im Chemielabor geben wir Kindern die Möglichkeit, selbstbestimmter mit dem Material und dem Raum der Forschung umzugehen. Die Inhalte der Angebote sollen (wie in diesem Buch) aufeinander aufbauen, damit die Kinder immer wieder angeregt werden, die erworbenen Fähigkeiten erneut einzusetzen und weiter zu entwickeln.

Sehen Sie die Kinder im Angebot als Partner, ermuntern Sie sie Fragen zu stellen, Hypothesen zu bilden und suchen Sie mit ihnen gemeinsam nach Wegen, diese zu beantworten. Aber woher nehme ich die Informationen zur Planung meines Angebotes im Bereich Chemie? Stimmen meine Ideen mit denen der Kinder überein? Oder hat das Kind andere Interessen? Manche Antworten auf diese Fragen bekomme ich durch die Beobachtung der Kinder im Freispiel. Wenn wir unsere Kinder mit offenen Augen beobachten, werden sie es vielleicht schaffen, uns durch ihr Verhalten einige ihrer Interessen im Bereich Chemie zu verraten. Schauen Sie genau hin, bei welchen Phänomenen des Alltags Kinder verweilen und beobachten Sie, welche Handgriffe sie wiederholen, um sie zu verstehen. Aber verzweifeln Sie nicht, wenn Sie im Freispiel keinen Ansatz für chemische Experimente im Kindergarten erkennen können. Trauen Sie sich, Impulse zu setzen, Angebote zu verwirklichen, die sich in der Beschreibung einfach spannend anhören, auf die Sie so richtig Lust haben. Sie werden merken, dass sich durch Ihre eigene Erfahrung mit den Versuchen auch Ihre Beobachtung der Bedürfnisse der Kinder im Bereich der Alltagschemie verbessern wird.

Entdeckendes Lernen – Hypothesen bilden

Jeder großen Entdeckung ging eine kühne Vermutung voraus.

Sir Isaac Newton

Nach einer gewissen Einführungszeit des Chemielabors und ersten Angeboten können Sie dann das Freispiel aufbauen. Das Freispiel ist bestimmt durch entdeckendes Lernen. Der Fokus der Betrachtung liegt bei dieser Lernmethode bei den Kindern. Im freien Spiel bestimmen die Kinder selbst über Spielpartner, Spielort, Spielinhalt und die Spielzeit im Labor. Ursprünglich ist entdeckendes Lernen eine Lernmethode im offenen Unterricht der Naturwissenschaften, die freies Entdecken von Naturphänomenen in Versuchen ermöglicht. Entdeckendes Lernen fängt im Kindergarten mit der Beobachtung eines Objektes oder Phänomens an. Zum Beispiel des Phänomens, dass Spülmittel unser Geschirr reinigt.

Beim entdeckenden Lernen werden die Kinder angeregt, sich selbst zu Phänomenen Fragen zu stellen. In unserem Fall: „Warum löst Spülmittel den Schmutz auf unserem Geschirr?" Um ihren Fragen nachzugehen, brauchen die Kinder Räume und Materialien, die ihnen bei der Beantwortung helfen. Schon ein kleines Chemielabor kann Kindern bei der Beantwortung ihrer naturwissenschaftlichen Fragen helfen und nebenbei viel Spaß bringen. Nehmen wir nochmals unsere oben gestellte Frage mit dem Spülmittel. In der Küche werden die Kinder diesen Vorgang kaum als chemische Reaktion betrachten, im Chemielabor werden sie sich diese Frage, beeinflusst durch die Umgebung, stellen. Sie können die beobachtete Reaktion durch vielschichtige Experimente immer wieder überprüfen. Funktioniert das Spülmittel nur bei bestimmten Verunreinigungen? Oder gibt es Unterschiede zwischen rotem und blauem Spülmittel? Die Erzieherin beobachtet, wie die Kinder arbeiten. Sie ermutigt sie, ihre Ideen weiterzuentwickeln. Und, ganz wichtig, sie stellt ihnen ausreichend und abwechslungsreiches Material zur Verfügung.

Es ist dabei nicht wichtig, wie gut oder relevant diese Ideen sind. Umwege bei der Untersuchung der Phänomene und selbst Sackgassen sind ebenso lehrreich wie das richtige Ergebnis. Im Mittelpunkt stehen nicht die Antworten, sondern der Weg, der die Kinder dahin führt. Zur Bewertung des entdeckenden Lernens gehört auch nicht die Richtigkeit der Ergebnisse, sondern die Gründlichkeit, mit der die Kinder ihre Forschung betrieben haben. Häufig ist die Antwort für Kinder nicht greifbar. Im Kindergarten gilt es einzig und allein die Kinder für die Phänomene des Alltags sensibel zu machen, so dass sie zu interessierten Forschern werden. Der Spaß sollte in diesem Alter immer im Vordergrund stehen.

Hypothesen bilden:

Schon bevor sie in die Schule kommen, bilden Kinder Hypothesen – also Vermutungen darüber, wie die Welt funktioniert. Jedes Kind entwirft unablässig Hypothesen über die Welt und über sich selbst als Teil dieser Welt. Kinder setzen sich zu ihrer Umwelt in Beziehung. Dabei gleichen sie Bilder von einem Weltausschnitt ab und entwickeln sie durch Forschung und Fragen weiter. Damit sich Kinder ihrer Welt annähern können, sollten wir sie beim Ausdifferenzieren dieser Fragen an die Welt unterstützen. Wir sollten sie immer wieder zum Bilden von Hypothesen motivieren und damit zu eigenen Persönlichkeiten erziehen.

Hypothese – Definition nach Duden (griech.: Unterstellung, Vermutung)
a) zunächst unbewiesene Annahme von Gesetzlichkeiten oder Tatsachen, mit dem Ziel, sie durch Beweise zu untermauern oder zu widerlegen.
b) Unterstellung, unbewiesene Voraussetzung.

Vor jedem Versuch im Angebot sollten Kinder dazu angeleitet werden, Hypothesen aufzustellen! Kinder sind mit ein wenig Übung bereits im Kindergartenalter in der Lage, vor dem Versuch eine Vermutung zu äußern, was passieren könnte. Durch den Versuch wird diese Hypothese dann widerlegt oder bestätigt. Beobachten Sie geübte Kinder. Beim Experimentieren können Sie diese Hypothesenbildung sehr häufig beobachten, ohne dass Sie sie initiiert haben. Beim geplanten Angebot, mit dem wir uns im Praxiskapitel beschäftigen, sollte die Erzieherin die Kinder vor dem Versuch anregen, sich Hypothesen zu überlegen.

Um die Theorie anschaulicher zu machen, möchte ich ein Beispiel zur Hypothesenbildung aus der Praxis schildern. Im Kapitel „Kleine Salzwerkstatt mit Franz Frosch" (Demo am Waldteich: „Unser Teich soll salzfrei sein!") wird den

Kinder am Schluss der Geschichte ein Arbeitsauftrag mitgegeben: „Ich glaube, Franz braucht jetzt ganz dringend eure Hilfe! Gut, dass ihr inzwischen Profiforscher seid und für Franz das Salz aus dem Wasser holen könnt."

Nach der Geschichte begannen die Kinder meiner Einrichtung damit, folgende Hypothesen zu bilden:

a) „Wir müssen das Wasser einfach nur in eine andere Schüssel geben, das Salz bleibt dann in der alten Schüssel."
b) „Wir müssen das Salz aus dem Wasser filtern."

Zum Filtern hatten die Kinder dann folgende Vorschläge:
1) mit einem Sandkastensieb
2) mit einem Kaffeefilter
3) mit einer selbstgebauten Kläranlage.

In den nächsten Tagen begannen die Kinder dann im Freispiel, aber auch in angeleiteten Situationen, ihre Hypothesen zu überprüfen. Zur Hypothese a) schütteten die Kinder das Salzwasser immer wieder von einer Schüssel in die andere. Mit Lupen versuchten sie Salzreste an der leeren Schüssel festzustellen, fanden aber nichts: Das Salz lässt sich durch diesen Versuch nicht vom Wasser trennen. Hypothese b1), durchgeführt mit dem Sandsieb, machte viel Spaß, aber brachte leider auch nicht das gewünschte Ergebnis. Hypothese b2), durchgeführt mit dem Kaffeefilter, brachte für die Kinder, obwohl sie sich bei dieser Hypothese des Erfolges sehr sicher waren, auch nicht das gewünschte Ergebnis. Hypothese b3), durchgeführt mit der selbstgebauten Kläranlage, machte viel Arbeit und brauchte Anleitung, da diese Kläranlage zwar noch in der Erinnerung der Kinder war (einige Wochen zuvor hatten wir im Bereich der Biologie so eine Anlage zum Reinigen von Wasser gebaut), aber die Details des Filteraufbaus vergessen waren. Leider wurde auch diese Arbeit nicht mit dem gewünschten Erfolg belohnt.

Um die Geschichte an dieser Stelle abzukürzen: Die Kinder sind durch ihre Versuche nicht zur Lösung gekommen, aber sie haben tagelang selbstständig und zielgerichtet mit viel Spaß experimentiert. Sie zeigten sich dabei sehr konzentriert, bewiesen gute Handlungsplanung und haben gelernt, dass das Überprüfen von Hypothesen Spaß macht. Gemeinsam haben wir uns im Anschluss die in Kapitel 4 dargestellten Lösungen erarbeitet. Obwohl die Kinder die Lösung inzwischen kennen, wiederholen sie ihre Versuche im Freispiel häufig, wahrscheinlich, weil der Weg ihnen mehr Spaß macht als die Lösung. Für die Nutzung dieses Buches zeigt dies, dass Sie den Kindern bei jeder Geschichte im Praxiskapitel Raum lassen sollten zum Entwickeln von Hypothesen und dem freien Entdecken. Und es zeigt, dass der Wechsel zwischen Freispiel und Angebot eine sinnvolle Methode zur Vermittlung chemischer Alltagsphänomene darstellt.

Die Methodik der Bildrezepte

Obwohl die Kinder sich in der Angebotszeit, angeleitet durch die Erzieherin, intensiv mit einem Versuch auseinandersetzen, fällt es ihnen im Freispiel oft schwer, diesen selbstständig zu wiederholen. Damit die Kinder im Freispiel trotz der hohen Anforderung allein arbeiten können, brauchen sie unterstützende Materialien. Als sehr positiv haben sich hierbei in der Praxis sogenannte Bildrezepte erwiesen. Wahrscheinlich hört sich das Arbeiten nach Rezepten im naturwissenschaftlichen Bereich erst einmal ungewöhnlich an.

Kindliches Forschen, das durch Freiheit und Spaß gekennzeichnet sein sollte, in Rezepte zu packen, befremdet erst einmal. Es steht scheinbar im Widerspruch zum freien Experimentieren. Die Angst, durch Rezepte die Individualität und Freiheit der Kinder zu bremsen, verschwindet dann, wenn das Rezept darauf abzielt, gerade das Individuelle, den Grundversuch, überhaupt erst selbstständig zu ermöglichen oder zu erleichtern. Damit kann das Rezept bewirken (wie ein gutes Kochrezept auch), was vorher unmöglich schien, nämlich, dass Kinder in diesem Alter selbstständig auch schwierige Versuchsaufbauten im Freispiel wiederholen können. „Rezept" steht in dieser Sichtweise für Konzept oder Programm. Es soll die Kinder ermutigen, selbstbewusst zu handeln und Grenzen des Rezepts zu verändern. Sprache wird mit dieser Methode ersetzt durch bildhaftes Denken, und die Beschäftigung mit Bildern ist Kindern in diesem Alter sehr nahe. Daher ist es sinnvoll mit ihnen über Bilder zu kommunizieren. Im Freispiel, wo die Erzieherin nicht mit jedem Kind akustisch kommunizieren kann, sind Bildrezepte also eine sehr gute Methode, sich nonverbal zu verständigen und dem Kind damit Autonomie zu verschaffen.

CHEMIE IM KINDERGARTEN – SO GEHT'S!

Um Kindern den Zugang zum selbstbestimmten Ablauf der Versuche zu ermöglichen, müssen die Bildrezepte eine klare Ordnung haben. Zusammenhänge müssen durchschaubar sein. Das bedeutet, jeder Schritt des Versuchs sollte in einem eigenen Bild festgehalten werden und die Ordnung der Versuchsschritte muss den Kindern durch bildnerische Gestaltung deutlich werden. Ob Sie bei der Gestaltung der Rezepte Fotos verwenden oder selbst künstlerisch tätig werden, bleibt Ihnen und Ihrem Talent überlassen. Ich persönlich finde die Gestaltung durch Zeichnungen deutlicher und ansprechender. Sind die Bilder dann erst mal da, werden Sie sehr schnell sehen, dass die Kinder ihnen nur am Anfang blindlings folgen. Sobald sie den Grundversuch verstanden haben, beginnen sie, die Bilder zu überprüfen und den Versuch selbstständig zu verändern. Sie folgen also nicht passiv einer Reihe von Bildern, sondern nutzen sie zur Wissenserweiterung.

Das Forscherportfolio

Um Kindern eigene Bildungsprozesse bewusst zu machen, sie an Vergangenes zu erinnern, ihre Arbeit zu würdigen und die pädagogische Arbeit zu reflektieren und zu planen, ist das Anlegen eines Forscherportfolios für das einzelne Kind in diesem Bereich sehr wichtig. Dieses Portfolio ist eine Sammlung von Dokumenten aus dem pädagogischen Alltag im Bereich des Forschens. So werden kindliche Lern- und Entwicklungsprozesse aufgezeichnet. Die Sammlung wird in einem Ordner aufbewahrt und ist Kindern und Erziehern in gleichem Maße zugänglich. Der Begriff „Portfolio" kommt aus dem Lateinischen und bedeutet soviel wie zusammengetragene Blätter. So gehören in das Forscherportfolio Versuchsbeschreibungen, Zeichnungen der Versuche, Versuchsauswertungen, Fotos, Interviews zum Thema und natürlich alles, was dem Kind in diesem Bildungsprozess wichtig war. Dies können Arbeitsproben, Bilder oder Ähnliches sein.

Das Forscherportfolio enthält eine ausgewählte Sammlung von Werken, mit deren Hilfe die Erzieherin die pädagogische Arbeit im Bereich der naturwissenschaftlichen Früherziehung für jedes einzelne Kind reflektieren kann. Die Erzieherin legt das Portfolio an und nutzt es für die Gestaltung von individuellen Bildungsprozessen. Das Forscherportfolio ist sehr gut dafür geeignet, individuelle Bedürfnisse zu erkennen und darauf aufbauend neue Bildungsprozesse zu gestalten.

In der Praxis würde dies folgendermaßen aussehen: Sechs Kinder haben im Angebot zum Thema „Lösen von Salz in Wasser" gearbeitet. Drei der Kinder haben die Arbeit im Freispiel selbstständig weitergeführt, sie haben sie wiederholt und ausprobiert, wie Salz und andere Stoffe sich lösen. Im Portfolio der drei Kinder, die im Freispiel weitergearbeitet haben, ist neben dem Grundversuch vermerkt, welche löslichen Stoffe die Kinder gefunden haben. Stolz können sie in einer Tabelle präsentieren, was löslich ist und was nicht. Durch ihre Freispielarbeit hat die Gruppe vieles ausprobiert. Sie hat warmes und kaltes Wasser genutzt und festgestellt, dass sich warmes Wasser etwas besser eignet. Diese wichtige Erkenntnis wird im Portfolio vermerkt. Die Drei haben gezeigt, dass sie den Grundversuch verstanden haben, dass sie durch das Thema motiviert sind und sehr gut in der Lage sind, selbstständig zu arbeiten. Für diese drei Forscher sollte das nächste Angebot aufbauend gestaltet werden. Sie könnten dann in der nächsten Stunde einen Versuch bearbeiten, der ihnen erklärt, warum und wie Salz sich in Wasser löst. Die Kinder, die ihre Arbeit im Freispiel nicht fortgeführt haben, haben in ihrem Portfolio den Grundversuch vermerkt und können an diesem in einer der nächsten Stunden weiterarbeiten. Feinheiten wie: „Löst sich Salz in warmem Wasser besser als in kaltem Wasser?" Oder „Löst sich das Salz schneller, wenn ich es löffelweise oder in der Gesamtheit zugebe?", könnten für diese Gruppe motivierende Aufgaben sein, um an dem Versuch weiterzuarbeiten.

Das Forscherportfolio motiviert in seiner Gesamtheit die Erzieherin immer wieder dazu, über ihre eigene Rolle in dem Bereich und für das einzelne Kind nachzudenken. Es bietet die Chance, das Kind in seinem Handeln und seiner Persönlichkeit besser zu verstehen und Bildung aufbauend und individuell zu gestalten. Die Sensibilität für die Bedürfnisse der Kinder wird gestärkt. Die Ziele der Erzieherin, ihre Rolle und das Bild vom Kind, werden zum Gegenstand regelmäßiger Reflexion. Die Praxis hat mir gezeigt, dass die Arbeit mit dem Portfolio auch zur Wissenserweiterung bei der Erzieherin führt, da sie sich aufgrund neuer Erkenntnisse hieraus neue Fachinformationen holen kann, um Fragen der Kinder zu beantworten.

Perspektive der Erzieherin:

Die Arbeit mit dem Portfolio spricht viele Eigenschaften des Berufsbildes „Erzieherin" an. Die Erfolge des Kindes und auch die der Arbeit der Erzieherin werden festgehalten und präsentiert. In der Praxis habe ich verschiedenste Dokumentationsmöglichkeiten mit meinen Kollegen ausprobiert. Am effektivsten ist es, eine Methode zu wählen, die den Erzieherinnen in ihrer Veranlagung und ihrem Menschenbild nahe kommt, denn dann sind sie motiviert und bereit, mit diesem Instrument zu arbeiten. Da das Portfolio das Kind als kompetente, aktive Persönlichkeit anerkennt und es an der Gestaltung von Bildungsprozessen beteiligt, haben meine Kolleginnen hiermit eine Dokumentationsmöglichkeit gefunden, die besser zu ihnen und unseren Kindern passt als standardisierte Frage- und Antwortraster, die häufig eher defizitorientiert sind. Eine wichtige Voraussetzung für den Einsatz eines Forscherportfolios ist, dass die Erzieherin des Bereiches genügend Zeit hat, um diese Dokumentation zu bearbeiten. Zudem benötigt sie Zeiten im Team, in dem sie die Arbeit vorstellt und vernetzt.

Perspektive des Kindes:

Wenn wir Kinder verstehen wollen, müssen wir immer wieder versuchen, die Welt aus ihrem Blickwinkel zu sehen, da Kinder sich in vielerlei Hinsicht von uns Erwachsenen unterscheiden. Dies ist für uns nicht ganz einfach, da unsere Kindheit doch schon eine gewisse Zeit zurückliegt und Kindheit sich ständig gewandelt hat. Das Portfolio hilft Erziehern, Kinder durch ihre Mitarbeit an der Dokumentation besser zu verstehen. Äußerungen des Kindes im Portfolio werden durch die Dokumentation automatisch zum Gesprächsthema zwischen Kind und Erzieherin. Das Kind fühlt sich durch diese Methode ernst genommen und merkt, dass die Erzieherin versucht, es zu verstehen. Die Erzieherin und die Kinder werden somit zu Forschenden, die gemeinsam durch das Sammeln von Informationen versuchen, sich gegenseitig besser kennen- und verstehen zu lernen.

Vernetzung mit der Familie:

Auch die Familie hat im Portfolio Platz. Manche Kinder forschen im häuslichen Bereich weiter. Auch diese Dokumente gehören nach Möglichkeit ins Portfolio, damit die Erzieherin auf dieser Arbeit aufbauen kann. So entsteht eine Bildungspartnerschaft zwischen Kindergarten und Elternhaus.

Abschließend finde ich es wichtig, darauf hinzuweisen, dass sich Bildungsprozesse selbstverständlich nicht nur im naturwissenschaftlichen Bereich, sondern in allen Bildungsbereichen abspielen. Eine übersichtliche Struktur, in der alle diese Bildungsbereiche ihren Platz bekommen, sollte gefunden werden. Wichtig ist auch, dass jedes Dokument mit Datum und nötigen Hintergrundinformationen versehen wird. So entsteht eine Bildungsdokumentation, die Kinder und Erzieherinnen gleichermaßen als Arbeitsgrundlage nutzen können, über die sie im Gespräch bleiben und an der sie gerne gemeinsam weiterarbeiten.

Jeder Versuch beginnt mit einer Geschichte

Durch die Erziehung unserer Kinder fördern wir deren individuelle Entwicklung und führen sie an Lernthemen heran. Hierzu gehört die Chemie. Ihr Einfluss auf unsere Welt ist allgegenwärtig. Um in der Gesellschaft als kompetentes Mitglied zu gelten, gehört ein gewisses chemisches Grundwissen dazu. Es hilft die Welt zu verstehen und in ihr zu handeln.

Kinder sind daran interessiert, die Welt zu verstehen. Sie sind meist mit einer ausgeprägten Wissbegierde und guten kognitiven Fähigkeiten ausgestattet. Da sie manchmal die Motivation auf dem Weg des Lernens verlässt, haben wir die Verantwortung, sie kindgerecht zu unterstützen und wissenschaftliche Themen zu Kindergartenthemen umzugestalten. Lernthemen sollten wir den kognitiven Fähigkeiten des Kindes und seiner Entwicklungsstufe entsprechend anpassen, Themenbereiche aus der Umgebung des Kindes auswählen und aufbauend strukturieren.

Um diesem didaktischen Anspruch gerecht zu werden, wähle ich zum Einstieg in jeden Versuch eine Geschichte. Geschichten bieten uns die Gelegenheit, gezielt bestimmte Themen aufzugreifen (in diesem Buch Salz und Waschmittel). Sie regen die Phantasie der Kinder an, vermitteln ihnen Wissen und schaffen eine gemeinschaftliche Atmosphäre. Sie sind daher gut geeignet, um die Konzentration und Aufmerksamkeit der Kinder schon vor dem Versuch zu bündeln. Die Geschichten im nächsten Kapitel entwickeln sich aufbauend – sind in ihrer Art mal einfach, mal komplex. Sie beschäftigen sich nicht mit wissenschaftlichen Erklärungen, sondern motivieren dazu, gemeinsam Antworten zu suchen, wie die Welt funktioniert.

Die Handlung der Geschichten fordert das Kind dazu heraus, sich dem Versuch zu nähern. Sprache und inhaltliche Gestaltung sind der Entwicklung der Kinder angepasst. Für die Kinder ergeben sich aus den Geschichten viele Fragen, denen sie nachgehen möchten. Manchmal stellen sie diese bereits während der Geschichte. Sehen Sie dies nicht als Störung, sondern als Bereicherung. Manchmal ist das Entdecken der richtigen Fragen wichtiger als das Finden der Lösung. Der anschließende Versuch gibt ihnen hierzu die Möglichkeit.

Die Geschichten haben einen systematischen Aufbau. Jede Geschichte berücksichtigt das bereits angelegte Wissen der Kinder aus der vorherigen. Sie erfahren so direkte Anerkennung für etwas, was sie durch eigene Aktivität geschaffen haben. So sind sie motiviert für weitere Herausforderungen. Natürlich sind die Geschichten von Franz Frosch Fantasiegeschichten. Wichtig ist, dass die Erzieherin dies den Kindern mitteilt, damit keine unerwünschten Nachahmeffekte entstehen (z. B. beim Versuch „Der verschwundene Schatz").

Franz Frosch ist wieder da!

Name: Franz Frosch
Adresse: Am Froschtümpel 3
34567 Froschhausen
e-Mail: Frosch@Teich.de
Beruf: Forscher

Franz Frosch lebt mit seiner Froschfamilie an einem Tümpel am Rande eines Waldes. Franz ist hellgrün, mit zwei riesigen wachen Augen, prächtigen Froschfüßen und einem ausgesprochen redseligen Mund. Bis zu seinem dritten Lebensjahr war Franz ein ganz normales Froschkind. Er liebte es, wie alle Froschkinder, Fliegen zu fangen. Er hatte Spaß daran, mit den anderen Fröschen um die Wette zu hüpfen und nervte die anderen Tiere des Waldes mit seinen Froschgesängen. Doch irgendwann interessierte ihn nicht mehr, wer der schnellste Frosch im Wald war. Stattdessen fesselte ihn die Frage, warum Frösche eigentlich hüpfen. Und auch das Fliegenfangen fand er langweilig. Wissbegierig fragte er sich, woher diese Fliegen eigentlich kamen und ob sie schon immer auf der Erde gelebt hatten. Franz fand es nicht besonders schlau von den Fliegen, dort zu leben, wo es so viele Frösche gab, die sie auffraßen. Sie brauchten doch einfach nur irgendwohin zu fliegen, wo es keine Frösche gab: zum Nordpol oder auf den Mond. Diese und viele andere Fragen stellte Franz an die Welt. Doch kein Tier des Waldes konnte sie ihm beantworten. Da Franz' Eltern auch keine Antworten auf seine Fragen hatten, entschlossen sie sich vor einem Jahr zu einem für Froscheltern ungewöhnlichen Schritt: Sie meldeten ihren kleinen grünen Franz im Kindergarten der Menschenkinder an!

Inzwischen ging Franz schon ein Jahr in den Kindergarten und war seitdem das glücklichste Froschkind im ganzen Wald. Die anderen Tiere bewunderten Franz, immer wieder kamen sie zur Froschhöhle, um zu betrachten, welche Erfindungen er aus dem Kindergarten mitbrachte. Schon nach den ersten Tagen dort hatte Franz das erste Wunder mit in den Wald gebracht. Plötzlich, eines Abends, sahen die Tiere des Waldes ein Licht hell wie ein Stern durch das kleine Fenster der Froschhöhle scheinen. Könnt ihr euch das vorstellen? In der ganzen Dunkelheit des Waldes sah man nur dieses eine kleine Licht. Noch heute fragten sich die Tiere, wie Franz das geschafft hatte. Danach hatte Franz einen Apparat erfunden, mit dem er von einem Ende des Waldes zum anderen mit seinem Freund Moritz sprechen konnte. Etwas neidisch verfolgten die anderen Tiere seitdem, wie die zwei Frösche täglich telefonierten. Ja, und dann war da noch das Bootsrennen im letzten Jahr gewesen, das Franz natürlich gewonnen hatte. Irgendwie war es ihm gelungen, ein Boot zu bauen, das viel schneller war als alle anderen. Unglaublich, was man in so einem Kindergarten alles lernen konnte, dachten die anderen Tiere. Das erste Kindergartenjahr hatte Franz mit einem Forscherdiplom rund um das Thema Strom beendet.

CHEMIE IM KINDERGARTEN – SO GEHT'S!

Und morgen war es endlich soweit: Der Kindergarten sollte seine Türen zum zweiten Kindergartenjahr für Franz öffnen. Er war ganz schön aufgeregt. Gestern hatte er bereits einen Brief bekommen, in dem stand, welche Neuigkeiten dort auf ihn warteten. Die im Brief angekündigte Chemie-AG hatte sofort sein Interesse geweckt. Chemie, ja das würde spannend werden. Da würde es im Kindergarten knallen und stinken. Sie würden dunkle Rauchwolken erzeugen, so wie die Autos auf der Straße und die Fabriken vor dem Wald. Wenn er es sich recht überlegte, wusste er schon alles über Chemie.

Oje, da hat Franz aber ein ganz falsches Bild von Chemie im Kindergarten in seinem kleinen Kopf. Ich glaube, da müssen wir uns alle dringend auf den Weg machen und lernen, was Chemie mit unserer Welt zu tun hat.

Habt Ihr Lust, Euch mit Franz in diese spannende Welt zu begeben? Auf die Frösche, fertig los, lasst uns gemeinsam durch die nächsten Geschichten hüpfen!

PRAXIS

Kleine Salzwerkstatt mit Franz Frosch

Worum es geht und was für Kinder wichtig ist

Salz ist die umgangssprachliche Beschreibung für Tafelsalz, Speisesalz oder auch Kochsalz. Es besteht hauptsächlich aus Natriumchlorid. Der Name Natriumchlorid deutet an, dass dieser Stoff aus zwei Elementen besteht: Natrium und Chlor. Unser Kochsalz ist also eine Verbindung. Dieses Salz ist jedoch nur ein Salz unter vielen. Je nach Qualität und Verwendungszweck produziert die Salzindustrie verschiedene Salzsorten. Neben dem Speisesalz gibt es das Industriesalz, das Auftausalz oder auch das Gewerbesalz. In dieser Versuchsreihe werden wir ausschließlich Speisesalz verwenden.

Kinder kennen dieses Salz aus der Ernährung. Salzlose Speisen haben auch schon für Kinder keinen Geschmack. Der Begriff „salzig" gehört ebenso schnell zu ihrem Wortschatz wie „süß". Kinder lernen sehr früh, dass Menschen Kochsalz zum Würzen von vielerlei Speisen einsetzen und damit ihren Geschmack verändern. Dass der bei Weitem größte Teil unserer Salzaufnahme nicht durch diese Würzsalze geschieht, sondern durch verarbeitete Lebensmittel wie Wurst, Käse oder Brot, wird Kindern erst im fortgeschrittenen Alter vermittelt. Ebenso lernen Kinder erst später, dass das Salz für unseren Körper eine wichtige Rolle spielt. Die positiv geladenen Natrium- und die negativ geladenen Chlorionen im gelösten Kochsalz spielen eine lebenswichtige Rolle für unseren Wasserhaushalt, unsere Verdauung, unseren Knochenaufbau und für unser Nervensystem. All diese Themen werden später in der Bildungsbiografie der Kinder geklärt.

Aber wo kommt das Salz, das in jedem Haushalt steht, her? Viele Kindergartenkinder antworten auf diese Frage, dass das Salz aus dem Supermarkt kommt. Wie wir wissen, ist die Salzgewinnung aus dem Meer die wohl älteste Art der Gewinnung. Meerwasser wird dabei in Teiche geleitet, wo das Wasser unter der Sonneneinstrahlung verdunstet. Bei dieser Verdunstung kristallisiert sich schließlich das Salz heraus und kann abgeschöpft werden. Ein Vorgang, der im Versuch für Kinder sehr leicht darzustellen ist. Also, warum die Frage, woher das Salz kommt, nicht schon im Kindergarten teilweise beantworten? Natürlich gibt es noch weitere Wege, an das begehrte Salz zu kommen, zum Beispiel durch bergmännischen Abbau. In modernen Salzbergwerken werden heute Salzlager erschlossen, die in ca. 1000 m Tiefe liegen. Die Salzgewinnung erfolgt hier durch Bohr- und Sprengarbeiten. Da diese Methode im Versuch nicht darzustellen ist, beschränken wir uns in dieser Versuchsreihe auf die Salzgewinnung aus dem Meer.

Auf die Frage, wie man Salz aus dem Wasser bekommt, antworten selbst Schüler weiterführender Schulen, dass man dazu ein Sieb nehmen könnte. Auch hier sehen Sie, dass den Kindern das Salz und seine Eigenschaften zu wenig bekannt sind. In der weiterführenden Schule wird manchmal nicht mehr die Zeit sein, die Siebtheorie zu überprüfen, im Kindergarten hingegen schon. Mit dem Sieb umgehen können die Kinder hier sehr gut.

An diesen Beispielen sehen Sie, dass das Experimentieren mit Salz im Kindergarten wichtig ist. Salz ist ein spannendes Produkt des Alltags. Innerhalb der Versuchsreihe werden die Kinder lernen, woher Salz kommt. Sie werden erleben, dass Dinge nicht nur über das Sehen zu bestimmen sind, sondern andere Sinne oder wissenschaftliche Methoden genutzt werden können. Und, das ist das Allerwichtigste, sie werden viel Spaß haben mit dem bekannten und doch so unbekannten Alltagsgegenstand Salz. Los geht's auf eine spannende Reise in eine vielschichtige Wissenschaft, die Chemie!

Hinweise zum Material

Zum Forschen mit Salz im Kindergarten benötigen Sie sehr wenig Material. Die Basis bildet das Salz. Zu Beginn des Projektes sollten Sie davon mehrere Pakete im Supermarkt besorgen. Viele Versuche lassen sich dann mit Gebrauchsmaterialien aus dem Kindergarten durchführen wie zum Beispiel: Wolle, Korken, Stoff, Perlen, Nadeln. Auch Haushaltsgegenstände wie kleine Glasflaschen, Einmachgläser, Teelichter, Augenbinde oder Schal, Streichhölzer, Lebensmittelfarbe, Tee- und Esslöffel, Schüsseln, Metallbecher und Kugelschreiberdeckel finden ihren Einsatz beim Forschen mit Salz. In dieser Versuchsreihe wird nur wenig Profimaterial benötigt, hierzu gehören zum Beispiel: Petrischalen (im Kindergarten in der Regel aus Plastik), Stövchen (Stativbrücke), Pipetten, feuerfeste Unterlage, Becherglâser (50 ml, 200 ml, 400 ml), Rührstäbe, Forscherbrillen, Reagenzgläser, Trichter und Zylinder und eventuell Mikroskope oder Lupen.

Kleine Materialkunde

Bechergläser sind für Flüssigkeiten da – sie eignen sich besser als alte Wassergläser oder Tassen. Außerdem sind sie hitzebeständig (andere Gläser nicht).

Mit einem *Trichter* (Plastik) kann man Flüssigkeiten durch enge Gefäßöffnungen schütten, ohne sie über den ganzen Tisch zu gießen.

Mit einer *Pipette* kann man einzelne Tropfen abmessen.

Mit einem *Thermometer* (auf keinen Fall quecksilbergefüllt) misst man die Temperatur der Stoffe.

In *Reagenzgläsern* kann man Stoffe besonders gut betrachten und erwärmen, ohne sich die Finger zu verbrennen.

Das Stövchen, in der Fachsprache auch *Stativbrücke* genannt, eignet sich dazu, Stoffe mithilfe eines Teelichtes sicher zu erhitzen.

Salz löst sich in Wasser

Der verschwundene Schatz

Franz blickte mit seinen großen, runden Froschaugen auf den Waldteich. Er träumte. Ein paar Tage zuvor hatte Franz mit den gleichen großen, runden Froschaugen noch auf das Rote Meer geblickt. Seine Froschfüße waren umhüllt gewesen von weißem, warmem Sand. Auf seine kleine Froschnase hatte die Sonne geschienen und auf seiner langen Froschzunge hatte ein leckerer salziger Geschmack gelegen.

Das alles vermisste Franz, die Ferien waren vorbei. Franz war zurück an seinem Waldteich. Zurück aus Ägypten. Vieles hatte Franz in seinem Urlaub erlebt und gelernt. Wisst ihr zum Beispiel, welche Farbe das Rote Meer hat? Das Rote Meer ist nämlich gar nicht rot. Eine Erkenntnis, die Franz überrascht hatte. Tagelang hatte er im Meer nach der roten Farbe getaucht, sie aber niemals gefunden. Und dann war da noch die Geschichte mit dem Salz im Meer. Auch das Salz hatte er tagelang im Meer gesucht, es aber, trotz Taucherbrille, niemals gesehen.

Mit diesen ungeklärten Fragen und einem kleinen Säckchen voller Salz saß Franz nun an seinem Teich. Das Salzsäckchen hatte Franz von Olivia, einem wunderschönen Papageienfischchen, geschenkt bekommen. „In dem Säckchen findest du Salz – den Geschmack des Meeres", hatte Olivia beim Abschied gesagt. Franz warf das Säckchen, an dem er vorher ein Stückchen Kork, eine Glaskugel und ein rotes Fähnchen befestigt hatte, in den Waldteich. Mit einem leisen „Blubb" versank es im Teich. Nun konnte Franz beruhigt schlafen. Sein Schatz ruhte, sicher versteckt, auf dem Boden des Waldteichs und nur er würde ihn morgen, wegen der kleinen roten Fahne, wieder finden. Früh am nächsten Morgen hüpfte Franz zum Waldteich. Nebelschwaden ließen das Wasser kalt und ungemütlich aussehen. Trotzdem, Franz musste den Sprung in den kalten Teich wagen. Er wollte sich überzeugen, ob sein Schatz noch sicher auf dem Grund schlummerte.

Mutig tauchte er in das kalte Wasser, mit schnellen Schwimmzügen suchte er den schlammigen Boden des Teiches ab. Nichts, nirgendwo war die kleine rote Fahne zu sehen. Franz schwamm schneller. Angst machte sich in seinem Kopf breit. War sein Schatz von einem der Waldtiere geplündert worden? Traurig paddelte Franz zum Ufer. Doch plötzlich sah er etwas Rotes durch den Nebel blitzen. Schnell schwamm Franz auf den roten Punkt im Waldteich zu, umso näher er kam, desto deutlicher zeichnete sich die bekannte Fahne des Schatzes im Nebel ab. Freudig zog Franz seinen geliebten Schatz an das Ufer des Waldteiches. Doch dort musste er feststellen, dass das Säckchen leer war. Das Salz war verschwunden. Geklaut, weggefressen, oder …?

Habt Ihr eine Idee, wo das Salz sein könnte und warum der Schatz vom Boden des Waldteichs an die Oberfläche gestiegen ist? Probiert es einfach aus! Versteckt einen Salzschatz und beobachtet ganz genau, was passiert!

Wieso, weshalb, warum?

Das Phänomen, dass Salz sich in Wasser löst, ist Kindern aus ihrem Alltag eher unbewusst bekannt. Viele Kinder wissen, dass dem Wasser beim Kochen Salz zugefügt wird. Die weißen Kristalle sind, wenn sie ins Wasser geschüttet werden, erst noch sichtbar, kurze Zeit später sind sie verschwunden. Auch aus Schwimmbädern oder vom Meer kennen die Kinder Salzwasser und auch hier ist das Salz mit bloßem Auge nicht zu sehen. In diesem Versuch haben die Kinder die Möglichkeit zu beobachten, dass das Salz sich in Wasser löst.

Hinweis: Natürlich sollten Sie den Kindern erklären, dass sie in ihr liebevoll angelegtes Feuchtbiotop im Kindergarten kein Salz schütten dürfen. Dies passiert in der Fantasie-/Lerngeschichte mit Franz Frosch, soll aber auf keinen Fall im eigenen Teich nachgeahmt werden. An späterer Stelle werden die Kinder noch lernen, warum Salz für die Vegetation und die Lebewesen im Teich schädlich ist. Ebenso wichtig ist es, den Kindern zu erklären, dass sie an einem Teich nur in Begleitung von Erwachsenen spielen dürfen.

Material:

- eine lange Stecknadel
- eine kleine Stofffahne
- eine Korkscheibe *(eine dünne Scheibe von einem Weinkorken abschneiden)*
- eine Glas- oder Holzperle
- ein Säckchen aus grobmaschigem Stoff *(die Säckchen eines alten Adventskalenders eignen sich hervorragend)*
- Salz
- eine große Glasschüssel oder ein Aquarium mit Leitungswasser

Versuchsaufbau:

- Zuerst befüllen Sie das kleine Säckchen mit Salz, verschließen es und fädeln es auf die Stecknadel.
- Dann platzieren Sie die Perle direkt über dem Salzsäckchen.
- Über der Perle fädeln Sie die Korkscheibe auf die Nadel.
- Jetzt müssen Sie nur noch die kleine Stofffahne oben an der Stecknadel befestigen.
- Und los geht's! Lassen Sie den Schatz zu Wasser und beobachten, wie er zum Grund sinkt. (Sollte der Schatz nicht sinken, müssen Sie mehr Salz in das Säckchen füllen!)
- Jetzt benötigen Sie ein wenig Geduld (ca. einen Tag), denn das Säckchen steigt erst an die Oberfläche, wenn sich das Salz gelöst hat.

Anmerkung: Der Versuchsaufbau ist beim ersten Mal sehr kompliziert und benötigt die Hilfe eines Erwachsenen. Lässt man den Versuchsaufbau dann von den Kindern malen, prägt er sich ihnen besser ein und die Kinder werden den Aufbau bei der Wiederholung oder Fortsetzung des Versuchs selbstständig meistern.

Was passiert?

Der Inhalt des Salzsäckchens dient in diesem Versuch als Gewicht, daher zieht er den Schatz auf den Boden des Wassers. Da Salz aber die Eigenschaft hat, sich mit allem Wasser zu vermischen, mit dem es in Berührung kommt, löst sich das Salz auf und die Konstruktion steigt ohne den Schatz nach oben.
Der Salzkristall besteht aus vielen kleineren Teilchen, die zunächst eng zusammenhängen. Das Wasser zerlegt den Salzkristall in diese kleineren Teilchen und umgibt sie. Dadurch können sie sich im Wasser lösen. Bei der „möglichen Fortsetzung" werden die Kinder merken, dass es andere Stoffe gibt, wie zum Beispiel Sand, die durch ihren Aufbau im Wasser nicht lösbar sind.

Mögliche Fortsetzungen:

Im Freispiel können die Kinder den Salz-Schatz gegen andere Materialien wie Zucker, Sand oder Kieselsteine austauschen und beobachten, was passiert. Es empfiehlt sich, die gemachten Erfahrungen auf einem Plakat (oder im Portfolio) zu visualisieren.

Wie schmeckt eigentlich Salz?

Salzige Froschpfoten

Im Kindergarten hatten die Kinder Franz fast davon überzeugt, dass sein wertvoller Salzschatz weder geklaut noch aufgefressen war. Durch einen Versuch im Wasserbecken hatten sie ihm gezeigt, dass das Salz sich im Teich aufgelöst hatte, also immer noch im Teich vorhanden war. Aber wo war es denn? Franz konnte es einfach nicht sehen. Wohin hatte es sich denn aufgelöst, in die rechte oder eher in die linke Kurve des Teiches? Franz machte sich mit großen Sprüngen auf zur linken Kurve des Teiches. Die linke Kurve konnte man sehr gut erkennen, denn dort wurde der Teich von einer großen Weide überdacht. Franz blickte ins Wasser. Eigentlich sah das Teichwasser ganz normal aus, grün und etwas schlammig, kein bisschen nach ägyptisch klarem Salzwasser. Franz hüpfte weiter zur rechten Kurve, aber auch dort sah das Wasser aus wie immer. Schlammig, mit ein paar Algen übersäht. Von Salz war auch hier nichts zu sehen. Franz nahm seine Lupe zur Hand und versuchte das Wasser genauer zu betrachten. Ja, jetzt sah er besser. Da waren kleine Wassertierchen zu sehen, vermoderte Blätter, Fische und sonst nichts.

Plötzlich tauchte sein Froschkumpel Moritz vor ihm auf. „Hallo Franz!" „Hallo Moritz", brummelte Franz. „Alles klar bei dir?", fragte Moritz. „Nichts ist klar, oder siehst du hier irgendwo Salz?", moserte Franz. Moritz setzte sich neben Franz und blickte ins Wasser. „Nö, da ist kein Salz zu sehen." „Siehst du, also ist mein Salz aus Ägypten nicht mehr im See, sondern irgendwo", jammerte Franz. Moritz tauchte seine große, grüne Froschpfote in den Teich und leckte genüsslich an der tropfenden Pfote. „Mach dir keine Sorgen, dein Salz ist noch im Teich", schmatzte Moritz und hielt Franz seine tropfende Pfote vor sein Gesicht. „Probier mal!" Franz leckte vorsichtig an der Pfote und es schmeckte – wunderbar salzig! Also

KLEINE SALZWERKSTATT MIT FRANZ FROSCH

hier in der rechten Ecke des Waldteichs hatte sich sein Salz versteckt. Es war noch da, zwar nicht so richtig zu sehen aber Franz konnte es schmecken und das musste erst mal reichen.

Wisst Ihr eigentlich, wie Salz schmeckt und in welchen Lebensmitteln sich Salz versteckt? Auf Eurer Zunge habt Ihr sogenannte Geschmacksknospen, mit denen Ihr jeweils sauer, süß und salzig schmecken könnt. Knabbert Euch einfach mal durch ein paar Lebensmittel und versucht die salzigen Produkte herauszuschmecken.

Wieso, weshalb, warum?

Die Kinder können das Salz im Wasser nicht sehen. Etwas, das Kinder nicht sehen können, ist für sie nicht wirklich da. Deshalb versuchen wir mit diesem „Experiment", die Reizaufnahme vom Sehsinn auf den Geschmackssinn zu lenken. So können die Kinder das Salz in der Suppe zum Beispiel nicht sehen, aber mithilfe des Geschmackssinns sehr wohl feststellen, ob die Suppe Salz enthält oder nicht. Salz verschwindet nicht, es ist nicht weg, sondern es hat sich aufgelöst. Über den Geschmackssinn lässt sich dieses feststellen. Ein Alltagsphänomen, das Kinder verwundert und das es sich deshalb zu hinterfragen lohnt.

Vorsicht!
Im Kindergarten-Chemielabor darf niemals probiert oder gegessen werden. Wechseln Sie bei diesem Versuch unbedingt deutlich den Spielbereich, etwa von der Forscherecke in die Kinderküche, damit die Kinder niemals auf die Idee kommen, beim Forschen Substanzen zu probieren. Sie sind noch nicht selbstständig in der Lage, zwischen verschiedenen Stoffen zu unterscheiden. Eine Unterscheidung durch einen Raumwechsel ist bei diesem Versuch Voraussetzung. Sollte die Möglichkeit dazu nicht bestehen, lassen Sie diesen Versuch weg und fahren mit dem Nächsten fort.

Materialliste:

- Brot, Russisch Brot, Erdnüsse, Knabberstangen, Salz, Salzbrezel, Salzchips, Schokolade, Weingummi, Wurst
- Einschätztabelle *(siehe Abbildung rechts)*
- eventuell eine Augenbinde oder einen Schal

Selbstverständlich dürfen Sie sich die Lebensmittel für diesen Geschmackstest auch selbst zusammenstellen. Ich habe hier eine kleine Auswahl getroffen, um eine Einschätztabelle vorzubereiten.

Versuchsaufbau:

- Lassen Sie die Kinder die verschiedenen Lebensmittel mit geschlossenen oder verbundenen Augen probieren und einschätzen, welche Lebensmittel sie als süß und welche sie als salzig empfinden.
- Erklären Sie den Kindern die Einschätztabelle.
- Lassen Sie die Kinder nun nochmals die Lebensmittel probieren und anhand der Tabelle dokumentieren.

Vorsicht! Das Salz sollte nur durch einmaliges Eintauchen der Finger probiert werden, um eine Überdosierung zu vermeiden.

Was passiert?

Dass Salz im Alltag für die Kinder häufig nicht zu sehen ist, jedoch trotzdem da ist, haben die Kinder im ersten Versuch ansatzweise beobachten können. In diesem Versuch nehmen die Kinder bewusst wahr, wie die Substanz, mit der wir uns beschäftigen, eigentlich schmeckt. Die Kinder kennen „süß" und „salzig" als Begriff, aber ist der Geschmack ihnen wirklich bewusst?

In diesem Versuch werden sie sensibel für die Geschmacksrichtungen süß und salzig. Sie haben Zeit bewusst wahrzunehmen. Sie lernen zu benennen, zu klassifizieren und zu dokumentieren.

KLEINE SALZWERKSTATT MIT FRANZ FROSCH

Mögliche Fortsetzung:

Ein Aufbauversuch wäre die Erkundung des Salzes mit weiteren Sinnen. Lassen Sie die Kinder das Salz über alle Sinne ausgiebig erkunden. Zum Beispiel mit:

- *Auge:* Salz einfach mal durch ein Mikroskop beobachten. Salz besteht aus winzigen Kristallen. Kann man diese durch das Mikroskop erkennen? Kochsalzkristalle bilden eine Würfelform. Wenn Sie das Salz durch ein Mikroskop betrachten, sieht es aus wie viele aufeinandergestapelte Kisten. Lassen Sie die Kinder das Gesehene zeichnen.
- *Hand:* Wie fühlt sich Salz eigentlich an?
- *Ohr:* Kann man Salz eigentlich hören?
- *Nase:* Hat Salz einen Geruch, der es unverwechselbar macht?

Die Ergebnisse dieses Versuchs könnten auf einem Plakat dargestellt werden. Als weitere Fortsetzung könnten Sie gemeinsam mit den Kindern Salzwörter suchen, diese aufschreiben und auf den selbst gebastelten Pappen in Salzkristallform visualisieren. Die Wortideen der Kinder sind fast grenzenlos wie zum Beispiel: Salzsee, Salzwasser, Salzteig, Salzstangen, Salzwüste, Salzstreuer und so weiter.

Wie sich Salz in Wasser löst

Forscherfrösche bei der Arbeit

Das Salz war noch im Teich, das wusste Franz durch seine Geschmacksprobe jetzt ganz genau. Er wusste sogar, dass es sich in der rechten Kurve des Teiches befand. Offen blieb für ihn aber die Frage: Wie war das Salz von der Teichmitte, wo er seinen Schatz versenkt hatte, in die rechte Kurve des Teiches gekommen? Franz überlegte. Natürlich könnte sein Schatz von Piraten verschleppt worden sein? Franz blickte über den See, der still und beschaulich vor ihm lag. Eher unwahrscheinlich, dass dieser Waldteich von Piraten besucht wurde. Vielleicht konnte Salz aber auch schwimmen und es hatte beschlossen, von der Teichmitte in die rechte Kurve umzuziehen? Möglicherweise hatten aber auch die Fische, die im Waldteich lebten, seinen Schatz verschleppt. Franz war verwirrt, so viele Fragen und keine Antworten.

Und jetzt kam auch noch Uwe, der Maulwurf, angelaufen und war ganz aufgebracht. „Die anderen Tiere sind wütend, weil du mit deinem Schatz soviel Salz in den Teich gebracht hast. Wir müssen uns unbedingt etwas überlegen, damit hier nicht alles kaputt geht. Die anderen wollen sogar demonstrieren, wenn Dir nichts einfällt!" Franz wurde ganz unglücklich, das hatte er nicht gewollt. Doch er beschloss, erstmal eine Weile darüber nachzudenken – im Moment hatte er ja Wichtigeres zu tun.

Er wollte die ganze Sache professionell angehen. Schließlich war er kein normaler Frosch, sondern ein Forscherfrosch. Und der unterscheidet sich von einem normalen Frosch dadurch, dass er mehr über seine Umwelt erfahren möchte. Forscherfrösche benutzen zum Forschen spezielles Material, so wie richtige Menschenforscher. Wenn sie Wasserproben nehmen, nutzen Forscherfrösche nicht, wie man vielleicht denken würde, einfache Gläser, nein, sie benutzen Reagenzgläser. Das sind lange, ganz dünne Gläser, in denen Flüssigkeiten besonders gut sichtbar sind und die jeglicher Temperatur beim Erhitzen standhalten. Um das Wasser aus dem Teich in das Reagenzglas zu füllen, benutzt der Forscherfrosch eine Pipette, weil es zu schwierig ist, mit einer dicken Froschpfote Wasser in ein Reagenzglas zu befördern. Unser Franz machte sich also mit 10 Reagenzgläsern und einer Pipette auf den Weg zum Teich. Dort nahm er an zehn verschiedenen Stellen des Teiches Wasserproben und beschriftete sie mit dem genauen Fundort. So stand auf dem ersten Reagenzglas: „Entnommen in der Mitte des Teiches", und auf dem zweiten Reagenzglas fand man den Vermerk: „Entnommen am Froscheinstieg". Damit meinte Franz die Stelle am Teich, von der er täglich in den Teich sprang. Mit seinen Wasserproben hüpfte Franz vorsichtig zurück zur Froschhöhle. Dort angekommen probierte Franz die Proben. Probe 1 schmeckte salzig. Franz probierte gespannt die Zweite, salzig. Probe 3, was meint ihr? Natürlich, alle Proben schmeckten salzig.

Könnt Ihr Franz vielleicht erklären, dass sein Salz nicht nur in der rechten Kurve des Teiches ist, sondern sich gleichmäßig im Teich verteilt hat? Ein Versuch, um das zu beweisen, befindet sich auf der nächsten Seite. Viel Spaß!

Wieso, weshalb, warum?

Im ersten Versuch haben die Kinder beobachten können, dass das Salz aus dem Schatz sich vollständig aufgelöst hat. Es verteilt sich im Gefäß, und das Wasser bleibt trotzdem klar. Salz vermischt sich mit dem Wasser, es gibt erst Ruhe, wenn es sich gleichmäßig verteilt hat. Dieses Phänomen wird durch den folgenden Versuch sichtbar.

Materialliste:

- zwei kleine Glasflaschen 200ml
- ca. 3–4 Essl. Salz
- **400 ml warmes Leitungswasser** *(in warmem Wasser löst sich das Salz etwas leichter)*
- zwei Bechergläser á 200ml
- ein Rührstab
- ein Trichter
- Lebensmittelfarbe
- ein Teelöffel
- ein Esslöffel
- ein Stück Pappe

Versuchsaufbau:

- Lösen Sie in einem Glas mit 200 ml warmem Leitungswasser 4 Esslöffel Salz auf (beim Auflösen von Salz ist es wichtig, dass Sie es löffelweise zugeben und jeden Löffel vor Zugabe des nächsten Löffels verrühren).
- Füllen Sie das Salzwasser mithilfe des Trichters in eine der beiden Flaschen.
- Lösen Sie in dem zweiten Glas mit Leitungswasser die Lebensmittelfarbe auf.
- Füllen Sie dieses mithilfe des Trichters in die zweite Flasche.
- Auf die Flasche mit dem Salzwasser legen Sie nun ein Stück Pappe.
- Dieses halten Sie nun gut fest, drehen die Flasche um und stellen sie kopfüber auf die Flasche mit dem gefärbten Wasser.

- Jetzt müssen Sie nur noch das Pappstück zwischen den beiden Flaschen wegziehen. Vorsicht! Die Flaschen müssen dabei gut festgehalten werden, sonst bricht die Konstruktion zusammen.
- Beobachten Sie, wie die Flüssigkeiten ihre Plätze tauschen und sich vermischen.

Was passiert?

In der oberen Flasche ist Salzwasser, in der unteren Flasche gefärbtes Leitungswasser. Anmerkung: Es ist hier sinnvoll, die Salzflasche nach oben zu setzen, da durch die höhere Dichte der Salzlösung diese nach unten sinkt und die beiden Flüssigkeiten sich schneller durchmischen. Um sich zu vermischen, müssen die Flüssigkeiten durch den engen Flaschenhals. Das Salzwasser sinkt nach unten, und das farbige Wasser steigt auf. Nach einiger Zeit hat der Inhalt beider Flaschen die gleiche Farbe angenommen. So können Sie genau beobachten, dass sich Salz im Wasser gleichmäßig verteilt.

Den Hintergrund, warum das so funktioniert, würde ich folgendermaßen beschreiben. Salz besteht aus kleinen Teilchen und auch Wasser besteht aus vielen kleinen Teilchen. Die Teilchen sind so klein, dass wir sie mit dem bloßen Auge nicht sehen können. Die kleinen Teilchen des Wassers können sich aber miteinander verbinden und so können wir sie irgendwann zum Beispiel als Wassertropfen wahrnehmen. In flüssigen Substanzen, wie Wasser, sind die Teilchen nicht sehr fest miteinander verbunden. Sie können sich frei bewegen. So wie die Lebensmittelfarbe, die wir in das Leitungswasser gegeben haben. Sofort hat sich

die Farbe im ganzen Glas verteilt. Das lag daran, dass sich die Wasser- und die Farbteilchen die ganze Zeit bewegt haben.

Ein Salzkristall ist schon zu groß und unbeweglich, um sich so leicht in Wasser zu lösen. Aber auch ein Salzkristall besteht aus vielen kleinen Teilchen. Das Wasser zerlegt den Salzkristall in diese kleinen Teilchen, und diese sind dann klein genug, um sich im Wasser zu lösen. Deshalb verteilt das Salz sich, wie die Farbe, gleichmäßig im Wasser.

Mögliche Alternative:

Sollte Ihnen der Aufbau mit den zwei Flaschen zu wacklig sein, funktioniert dieser Versuch auch in einem Aquarium. Hierzu teilen Sie ein Aquarium mit Hilfe einer Pappe in zwei Hälften. In die eine Hälfte füllen Sie das Salzwasser und in die andere Hälfte das gefärbte Wasser. Wenn Sie eine Zeichenblockpappe nehmen, funktioniert der Austausch sogar durch die Pappe hindurch.

Salzwasser erzeugt einen Auftrieb

Franz geht baden

Franz lag faul auf dem Rücken und ließ sich vom Wasser tragen. Zum Glück hatte er im Wald eine alte Blechwanne gefunden und der Regen hatte sie mit Wasser gefüllt. Da ihm die Sache mit dem Salzwasser so gefiel, hatte er in die Wanne noch ordentlich Salz hineingekippt. Das Teichwasser selbst war ihm nun schon fast zu kalt. Ein leises Plätschern der Wellen klang angenehm in seinen Ohren. Die Sonne schien noch warm auf seinen kleinen Froschbauch und kleine Mücken kitzelten ihn angenehm an der Nase. „Was für ein wundervoller Herbsttag!" dachte Franz. Es gab doch nichts Schöneres, als sich faul auf dem Wasser treiben zu lassen. Da hatte er in seinem Urlaub mal richtig was fürs Leben gelernt. Vorher hatte das nämlich noch nicht funktioniert. Immer wenn er versucht hatte, „toter Frosch" zu spielen, war er einfach untergegangen und hatte einen großen Schluck Wasser abbekommen. Am Roten Meer hatte er diese hohe Kunst der Fortbewegung dann ohne viel Übung gelernt. Wenn er es sich recht überlegte, war ihm sein erster Versuch in Ägypten sofort gelungen.

Plötzlich schreckte Franz aus seiner Mittagsruhe auf! Ihm war, als hätte irgendjemand seinen Namen gerufen? Franz blickte auf, tatsächlich, am Froscheinstieg stand Moritz mit seiner Schwimmtasche in der Hand. Oh je, die Verabredung zum Schwimmbad hatte Franz fast vergessen. Aber es war zum Glück noch nicht zu spät. Mit großen Sprüngen machten sich die beiden Freunde auf den Weg zum Waldbad (das hatte zum Glück ein beheiztes Becken). „Sollen wir zuerst auf die Wasserrutsche gehen oder mit dem Ball spielen?" fragte Moritz. „Ich habe zu beidem keine Lust, ich werde mich einfach auf den Rücken legen und übers Wasser gleiten lassen", antwortete Franz. „Dann gehst du unter", lachte Moritz. „Gar nicht, wirst schon sehen", murrte Franz. Manchmal konnte dieser Forscherfrosch ganz schön anstrengend sein, dachte Moritz. Das wusste doch wirklich jeder, dass Menschen und Frösche im Schwimmbad schwimmen mussten, um nicht unterzugehen. Im Schwimmbad angekommen legte Franz sich gemütlich mit dem Rücken auf das Süßwasser und – ging unter. Verblüfft tauchte er wieder auf. Wieso war er jetzt im Wasser versunken? Erst vor einer Stunde hatte er die Kunst des Rückengleitens noch erfolgreich auf dem salzigen Wasser in der Wanne praktiziert. Pudelnass und genervt stieg Franz aus dem Wasser. „Das Wasser hier ist blöd", brummte er Moritz zu und verschwand. Obwohl Franz nicht genau wusste, warum er in der Wanne schwimmen konnte und im Schwimmbad nicht, hatte er doch eine Ahnung.

Also, Ihr Forscher, probiert aus, warum Ihr auf Salzwasser besser schwimmen könnt als auf normalem Schwimmbadwasser. Damit Ihr nicht nass werdet, habe ich Euch einen Versuch rausgesucht, bei dem Ihr trockene Füße behaltet.

Wieso, weshalb, warum?

Viele Kinder haben im Solebecken im Schwimmbad oder im Urlaub am Meer schon einmal beobachtet, das Salzwasser einen höheren Auftrieb hat als Süßwasser. Aber warum ist das so? Dass Salz viele interessante Eigenschaften hat, haben wir in den ersten Versuchen gelernt. In diesem Versuch lernen die Kinder eine weitere Eigenschaft des Salzes kennen. Gibt man es zu Wasser, erhöht das Salz die Dichte des Wassers. Dinge – wie zum Beispiel unserer Körper – werden dann vom Wasser besser getragen. Wichtig ist dieses Wissen unter anderem beim Beladen von Schiffen. Salzwasser kann nämlich ein viel schwereres Schiff tragen als Süßwasser. Würde ein Schiff im Salzwasser voll beladen losfahren und dann durch einen Süßwasserkanal fahren, würde es dort vielleicht untergehen. Deshalb gibt es bei Schiffen die Freibordmarken. Die zeigen genau an, bis wohin ein Schiff beim Beladen eintauchen darf.

Materialliste:

- ca. 3–4 Essl. Salz
- ein Esslöffel
- ein kleine Kugel Knete
- ein Rührstab
- ein Kugelschreiberdeckel
- ein Becherglas 400 ml
- ca. 200 ml warmes Wasser

Versuchsaufbau:

- Befüllen Sie das Becherglas mit Leitungswasser.
- Fertigen Sie nun eine kleine Knetkugel an, in die Sie den Kugelschreiberdeckel stecken, so entsteht ein Taucher.
- Lassen Sie den Taucher jetzt ins Wasser (Hinweis: sollte die Konstruktion nicht untergehen, ist die Knetkugel zu groß).
- Jetzt kommt das Salz ins Spiel, welches Sie jetzt Löffel für Löffel ins Wasser geben und mit dem Rührstab verrühren (Wichtig: nach jedem Löffel umrühren!).
- Je mehr Salz Sie dazugeben, desto höher steigt die Konstruktion nach oben.
- Um das Gesehene für die Kinder zu vertiefen, legen Sie den Taucher noch mal in ein Glas Leitungswasser. Vergleichen Sie die Tauchtiefe des Tauchers. Anschaulich ist es auch, wenn Sie nach dem Aufstieg des Tauchers die Salzlösung mit Wasser verdünnen und der Taucher wieder sinkt.

KLEINE SALZWERKSTATT MIT FRANZ FROSCH

Was passiert:

Dass der Taucher, sobald dem Wasser Salz zugefügt wird, schwimmt, hat mit dem Auftrieb zu tun. Die Dichte des Wassers hat sich durch das Salz verändert. Die Dichte ist das Verhältnis von Gewicht zu Volumen. Eine Kugel aus Plastik hat eine viel geringere Dichte als eine gleich große Kugel aus Eisen. Das Volumen wäre in beiden Fällen das gleiche, aber das Gewicht unterscheidet sie. Und da Salz die Dichte des Wassers erhöht, ist sie irgendwann größer als die Dichte unseres Tauchers. Und so steigt er nach oben.

Mögliche Fortsetzung:

Um dieses Phänomen zu vertiefen, können Sie folgenden Versuch anschließen:
Nehmen Sie zwei rohe, gleich alte, frische Eier und bemalen Sie sie wie Waldgeister. Legen Sie nun eines in ein Glas mit Leitungswasser und das Zweite in ein Glas mit Salzwasser. Auch an diesem Versuch können Sie den Auftrieb gut beobachten. Der eine Waldgeist liegt träge am Boden des Waldteichs und der Zweite schwebt.

Auskristallisierung von Salz durch die Kraft der Sonne

Franz hat weiße Kringel

Ein anstrengender Kindergartentag lag hinter Franz. Den ganzen Morgen hatte er mit seinen Freunden draußen auf dem Spielplatz gespielt. Zuerst waren sie ein paar Runden Traktor gefahren. Seine Freundin Katja hatte den Traktor gefahren und er hatte im Anhänger gesessen. Dann hatten sie gemeinsam mit Lupendosen Tiere gefangen und beobachtet. Und danach hatte er beim Eisdielen-Spiel im Sandkasten Eis verkauft. Anschließend musste er wie immer alles ganz alleine aufräumen. Franz fand das sehr ungerecht. Jetzt war er fix und fertig und musste sich erst mal durch einen Sprung ins Wasser erfrischen. Nach der vielen Arbeit war er ganz verschwitzt. Nur gut, dass er immer noch die Blechwanne bei sich stehen hatte. Die Herbstsonne hatte das Wasser erwärmt, er plätscherte behaglich darin herum und legte sich danach hin.

Eine Stunde später wachte Franz auf, reckte sich und wischte sich den Schlaf aus den Augen. Seine Augen brannten ein wenig vom Salzwasser. Müde betrachtete Franz seine Froschfüße. Erschrocken zuckte er zusammen. Seine Füße waren nicht wie sonst auch einfach nur grün, sondern hatten plötzlich weiße Kringel. Franz betrachtete seinen Körper. Auch dieser war mit weißen Kringeln übersät. „Mama!", schrie Franz und rannte zur Froschhöhle. Besorgt kam seine Froschmama ihm entgegen. „Franz, was ist denn passiert?", fragte sie. Aber Franz jaulte nur laut. Ängstlich betrachtete die Froschmama ihren Sohn, sein Körper war von kleinen Salzkringeln übersät. Liebevoll nahm sie ihn in die Arme und sagte: „Komm, Franz, du musst erst mal duschen, du bist ja ganz salzig", sagte sie. Franz blickte an sich herunter. Sollten diese Dinger auf seinem Körper einfach nur aus Salz bestehen? Franz wischte über einen Kringel auf seinem Bauch und tatsächlich, er ließ sich abwischen. Er grinste. Mann oh Mann, und er hatte gedacht, dass er nun immer und ewig als Kringelfrosch herumlaufen müsste. Beruhigt folgte Franz seiner Mama in die Froschhöhle und nach einer warmen Dusche war er wieder ein ganz normaler grüner Frosch.

Wenn Ihr wissen wollt, warum Franz Salzkringel auf dem Körper hatte, probiert einfach folgenden Versuch aus.

Wieso, weshalb, warum?

In dieser Geschichte begegnet uns ein Phänomen – die Verdunstung von Wasser – welches Kinder vielfach in ihrem Alltag erleben. Zum Beispiel, wenn sie morgens beim Frühstück Früchtetee verschütten. Wo morgens noch eine Pfütze war, erkennen sie mittags nur noch einen klebrigen Fleck. Das Wasser ist verdunstet und zurück bleibt ein klebriger Fleck. Beim Malen mit Wasserfarben können wir das gleiche Phänomen beobachten, würden wir unsere gemalten Bilder gleich nach dem Malen aufhängen, würden die Farben verlaufen. Ist das Wasser aus den Farben aber erst einmal verdunstet, bleibt jede Farbe sicher an ihrem Platz. Auch im Badezimmer können Kinder dieses Phänomen täglich beobachten, in Form von weißen Flecken auf den Armaturen im Badezimmer. An den Flecken können sie erkennen, dass dort zuvor ein Wassertropfen war, der verdunstet ist.

Materialliste für den Hauptversuch:

- ein kleines Schälchen mit Wasser
- Salz
- eine Pipette
- eine Petrischale
- ein Rührstab
- eventuell ein Mikroskop *(Objektträger)*

Versuchsaufbau:

- Lösen Sie soviel Salz in dem Schälchen, bis sich kein Salz mehr löst (die Lösung ist dann gesättigt, ca. 35 g auf 100 ml).
- Nehmen Sie ein paar Tropfen des Salzwassers mit einer Pipette auf und geben Sie dieses auf eine Petrischale oder einen Objektträger.
- Stellen Sie die Petrischale oder den Objektträger an das Fenster in die Sonne.

- Bereits am nächsten Tag können Sie mit dem bloßen Auge oder mit dem Mikroskop erkennen, was passiert ist.
- Malen Sie nach dem Mikroskopieren auf, wie Sie das Salz durch das Mikroskop gesehen haben.

Was passiert?

Beim Lösen des Salzes im Wasser verteilen sich die Salzteilchen und sind nicht mehr sichtbar. Dieser Versuch zeigt, dass das Salz noch immer vorhanden ist und, dass man es durch Verdunstung zurückgewinnen kann. An dieser Stelle sollten Sie die Kinder darauf hinweisen, dass auch das Wasser noch vorhanden ist. Denn in der Natur verschwindet nichts– ein Prinzip, welches in alle Bereiche unseres Lebens hineinreicht und uns täglich bewusst sein sollte.

Mögliche Fortsetzung:

Eine Alternative für das Freispiel könnte hier das Malen mit Salz sein. Für das Malen mit Salz brauchen Sie ungefähr 20 ml Wasser in einem Becherglas und soviel Salz, dass die Wasserlösung absolut gesättigt ist. Mit diesem Wasser malen Sie dann mithilfe eines Pinsels, auf schwarze Pappe. Jetzt müssen Sie nur noch warten, bis das Wasser verdunstet ist.

Ein weiterer Versuchsaufbau zu diesem Thema könnte sein, aus Salzwasser Trinkwasser zu machen. Füllen Sie hierzu eine Plastikschüssel zur Hälfte mit Salzwasser. In die Mitte der Schüssel stellen Sie ein leeres Wasserglas. Nun decken Sie die Schüssel mit Klarsichtfolie ab und legen einen Stein direkt über dem Glas auf die Klarsichtfolie. Dann stellen sie die Schüssel ins Sonnenlicht. Schon bald werden sie sehen, wie sich kleine Tropfen unter der Folie bilden und in das Wasserglas fallen. Wenn Sie nun das Wasser in der Schüssel mit dem Wasser im Glas vergleichen, werden Sie merken, dass das Wasser im Glas sehr viel weniger salzig schmeckt als das in der Schüssel. Sie haben also aus Salzwasser Trinkwasser gemacht.

Trennmethode Abdampfen

Demo am Waldteich: „Unser Teich soll salzfrei sein!"

Früh am Morgen wurde Franz von lauten Stimmen geweckt. Ärgerlich hüpfte er aus seinem Bett. Er öffnete sein Fenster und hielt seine Froschohren in die kühle Herbstluft. Inzwischen hatten sich die Blätter rot und gelb gefärbt und waren heruntergefallen. Die Stimmen kamen vom Waldteich, da war sich Franz sicher. Was da wohl los war? Es gab nur eine Möglichkeit, das herauszufinden. Franz musste sofort zum Waldteich und schauen, was die Aufregung verursacht hatte. Leise versuchte sich Franz an seiner Mutter vorbei zu schleichen, um keine Zeit durch Frühstück oder gar Zähneputzen zu verlieren. Dafür hatte er heute nun wirklich keine Zeit. Aber seine Mutter durchschaute seinen Plan und ließ ihn nicht ohne Frühstück aus der Höhle. Dann hüpfte Franz zum Waldteich.

Dort hatten sich die unterschiedlichsten Tiere des Waldes versammelt. Vögel, Mäuse, Biber, Füchse, alle waren da und sprachen aufgeregt durcheinander. „Eine Naturkatastrophe ist das!" „Umweltverschmutzung!" „Eine Gefahr für Tiere und Menschen!" Was die Tiere wohl so aufgebracht hatte, dass sie so schimpften, fragte sich Franz. Er fragte Uwe Maulwurf, der neben ihm stand: „Uwe, was ist denn passiert?" „Salz, im Waldteich ist Salz. Die Pflanzen und Tiere müssen den Teich verlassen, wenn wir das Salz nicht aus dem Wasser schaffen. Das habe ich dir doch schon vor ein paar Tagen gesagt", antwortete Uwe.

Oje, da hatte Franz etwas angerichtet. Plötzlich erinnerte er sich, dass er das Ganze über seinen Versuchen völlig vergessen hatte. Dabei hatte er doch nur ein sicheres Plätzchen für seinen Schatz gesucht. Er musste das Salz irgendwie aus dem Teich bekommen. Inzwischen wusste Franz, dass man Salz durch das Anlegen von Salzgärten zurückgewinnen kann. Sie werden vom Wasser überschwemmt und in ihnen bleibt Salz zurück, wenn das Wasser verdunstet. Aber diese Methode würde zu lange dauern. Franz musste das Salz sofort aus dem Teich schaffen. Er beobachtete, wie sich die Tiere mit den verschiedensten Dingen, die sie im Wald fanden ausrüsteten und verzweifelt versuchten, das Salz aus dem Teich zu filtern. Die Zeit drängte. Franz bezweifelte, dass es den Tieren auf diesem Weg gelingen würde. Er brauchte einen Plan, der wirkliche Hilfe versprach.

Ich glaube, Franz braucht jetzt ganz dringend Eure Hilfe! Gut, dass Ihr inzwischen Profiforscher seid und für Franz das Salz mit einem schwierigen Experiment aus dem Wasser holen könnt. In seinem Namen danke ich Euch jetzt schon mal für Eure Hilfe.

An dieser Stelle ist das Bilden von Hypothesen (Kapitel „Entdeckendes Lernen") wichtig:
Lassen Sie, bevor Sie den eigentlichen Versuch starten, die Kinder überlegen, mit welchen Methoden sie das Salz aus dem Wasser filtern würden. Geben Sie den Kindern Zeit, damit sie auf Filter, Siebe, Kescher etc. kommen. Da ich nicht weiß, welche Ideen Ihre Kinder haben, müssen Sie für diesen Vorversuch das Material spontan zusammensuchen.

Wieso, weshalb, warum?

Dieser Versuch ist eine Alternative zum Versuch mit der Sonnenwärme, diese Alternative führt zum Verdampfen des Wassers. Der Versuch zeigt, dass die Substanz Salz noch immer vorhanden ist und durch Erhitzen wieder gewonnen werden kann. Wobei dieser Versuch für die Kinder wesentlich interessanter ist als „Auskristallisierung durch die Kraft der Sonne". Die Kinder sehen in beiden Versuchen, dass sie aus Salzwasser das Salz mit verschiedenen Methoden zurückgewinnen können.

Materialliste:

- 2 kleine Bechergläser 50 ml
- ein Teelöffel
- ein Stövchen *(Stativbrücke)*
- ein Teelicht
- eine Pipette
- ca. ½ Teelöffel Salz
- Streichhölzer
- Forscherbrille
- Rührstab
- feuerfeste Unterlage

Versuchsaufbau:

- Setzen Sie die Forscherbrille auf.
- Füllen Sie ein kleines Becherglas (50 ml) zur Hälfte mit Wasser.
- Rühren Sie ca. einen halben Teelöffel Salz in das Wasser.
- Nehmen Sie mit der Pipette 10 Tropfen von dem Salzwasser und geben es in ein zweites Becherglas.
- Stellen Sie nun das Becherglas mit den 10 Tropfen Salzwasser auf das Stövchen.
- Entzünden Sie ein Teelicht und stellen es unter das Stövchen.
- Jetzt müssen Sie nur noch etwas Geduld haben und beobachten, was passiert.

Vorsicht: Nicht von oben in das Glas schauen. Wasser und Salzstückchen können beim Erhitzen aus dem Glas springen. Deshalb ist es wichtig, bei diesem Versuch die Forscherbrille zu tragen. Das Stövchen kann beim Erhitzen heiß werden. Darauf sollten Sie die Kinder unbedingt hinweisen.

Was passiert?

Das Wasser wird durch die Teelichtflamme erhitzt und verdampft. Das Wasser geht dabei in einen gasförmigen Zustand über. Das Salz verdampft nicht mit und bleibt als fester Stoff im Becherglas zurück. Da das Wasser beim Verdampfen aber nicht gleichmäßig in den gasförmigen Zustand übergeht, entstehen manchmal kleine Salzteilchen, in denen ein Wasserrest enthalten ist. Dieses Wasser verdampft dann später und sprengt dabei das Salzteilchen. Deshalb kommt es zu einer kleinen Explosion im Becherglas, bei der etwas Salz aus dem Glas springen kann.

Mögliche Fortsetzung:

Dieser Versuch funktioniert auch mit Zucker. Zucker löst sich in Wasser ähnlich gut wie Salz und lässt sich ähnlich gut zurückgewinnen. Als Endprodukt hat man hier allerdings Zucker in einer karamellisierten Form, der anbrennen kann.

Lösen und Auskristallisieren von Salz (2)

Das Weihnachtsgeschenk

Heute war ein besonderer Tag im Kindergarten. Aus dem Herbst war Winter geworden, wenn es auch bis jetzt eher nass war als frostig, und Weihnachten stand vor der Tür. Überall duftete es nach Weihnachtsplätzchen. Aus den verschiedenen Räumen hörte man Weihnachtslieder und überall konnte man werkelnde Kinder beobachten. Heute war der Kindergarten eine Weihnachtswerkstatt. Jedes Kind durfte heute ein Geschenk für seine Eltern herstellen. Einige Kinder backten Plätzchen, andere bastelten Karten und wieder andere modellierten mit Ton. Nur Franz saß in der Ecke und beobachtete das Treiben. Auch er hätte gern ein Geschenk für seine Eltern gebastelt. Aber Frösche aßen keine Weihnachtsplätzchen, daher war das mit der Bäckerei wohl nicht das Richtige für ihn. Karten verschickten Frösche eigentlich auch eher selten. Oder habt ihr schon mal eine Karte von einem Frosch bekommen? Und zum Arbeiten mit Ton hatte er kein Talent.

Deshalb saß er nun traurig und allein in einer Ecke und grübelte. „Hallo Franz!", sprach ihn plötzlich jemand von der Seite an. Es war Tilda, die sich neben ihn gesetzt hatte. „Hast du keine Lust aufs Geschenke basteln?", fragte sie. „Doch, aber ich habe einfach keine Idee, was ich meinen Eltern schenken soll. Weißt du, es müsste etwas Besonderes sein, etwas Wertvolles, was nur ich ihnen schenken kann." „Mhm", machte Tilda. „Schwierig, wenn du ganz viel Geld hättest, was würdest du ihnen denn dann schenken?", fragte sie. „Einen Salzkristall, weil Salzkristalle wunderschön sind. Sie schimmern in allen Farben des Regenbogens und manchmal glitzern sie auch. Man weiß eigentlich nie wirklich, wie sie aussehen. Meine Eltern sammeln Steine. Sie haben eine riesige Sammlung mit Steinen von allen Froschteichen der Welt. Große, kleine, glitzernde Steine, und alle sind sie einzigartig und unglaublich schön. Aber einen Salzkristall von mir haben sie noch nicht. Das wäre ein Weihnachtsgeschenk wie kein anderes." „Ich weiß, wie du Salzkristalle herstellen kannst", sagte Tilda in die Stille, die entstanden war. „Wirklich?", fragte Franz. „Von mir aus können wir gleich loslegen, ich helfe dir", antwortete Tilda und begann Gläser, Salz, Wasser und Wolle zusammenzusuchen. Franz zweifelte. Aus dem bisschen Material sollte ein Salzkristall werden?

Wenn Ihr wissen möchtet, ob Franz seinen Salzkristall bekommt, müsst Ihr das Experiment gemeinsam mit ihm aufbauen. Sonst werdet Ihr nie erfahren, wie man aus Salz, Wasser und Wolle Kristalle herstellen kann.

Wieso, weshalb, warum?

Dieser Versuch vertieft das Wissen aus den letzten zwei Versuchen: Wenn Salzwasser verdunstet, bleibt Salz übrig. Er bringt die Kinder zum Staunen und zeigt ihnen, wie wirkliche Kristalle entstehen und aussehen.

Materialliste:

- Salz
- zwei Gläser
- ein Baumwollfaden
- warmes Leitungswasser
- eine Petrischale
- ein Teelöffel

Versuchsaufbau:

- Gießen Sie das warme Wasser in die Gläser und stellen sie auf eine sonnige Fensterbank.
- Schütten Sie in beide Gläser so viel Salz, bis sich nichts mehr auflöst (denken Sie daran, dass sich das Salz besser löst, wenn Sie es löffelweise einrühren).
- Jetzt spannen Sie den Baumwollfaden zwischen die beiden Gläser, die Fadenenden müssen dabei in das Wasser eintauchen.

- Zuletzt stellen Sie die Petrischale zwischen die beiden Gläser.
- Nun brauchen Sie, vor allem aber die Kinder, nur noch Geduld und schon nach wenigen Tagen können Sie kleine Salzkristalle am Faden entdecken.

Was passiert?

Die Salzwasserlösung dringt in den Baumwollfaden ein. Das Wasser verdunstet am Faden und lässt Kristalle zurück.

Salz schmilzt Eis

Franz rettet den Waldteich

Als Franz an diesem Morgen aufwachte, fegte ihm ein eisiger Wind ins Gesicht. Es war nun richtig Winter geworden im Wald. Bibbernd machte Franz sich auf den Weg zum Waldteich, um sein morgendliches Bad zu nehmen. Er konnte sich nicht erinnern, dass es schon jemals so kalt gewesen war. Am Waldteich angekommen, traute er seinen Augen nicht. Da, wo sonst schlammiges, grün-braunes Wasser auf ihn wartete, war heute eine weiße Platte. Irgendjemand musste in der Nacht einen großen weißen Deckel auf seinen Teich gestülpt haben. Vorsichtig hüpfte Franz zum Rand des Teiches. Er hatte sich nicht getäuscht: Anstelle des Wassers lag nun eine weiße Scheibe vor ihm.
Franz steckte seine Froschpfote behutsam nach dem weißen Etwas aus. Brr, war das kalt. Traurig blickte Franz auf seinen Teich. Wo war nur das Wasser geblieben? Während Franz noch grübelte, sah er bereits ein weiteres Wunder. Mitten auf dem Teich stand sein Froschkumpel Moritz. Franz wischte sich den Schlaf aus den Augen. Aber tatsächlich, Moritz stand mitten auf dem See. Wieso konnte Moritz auf dem See stehen? Wasserläufer und Wasserflöhe, die konnten auf dem Wasser stehen, aber Frösche? Niemals, die waren einfach zu schwer. Trotz seiner Zweifel setzte Franz seine Füße vorsichtig auf die weiße Scheibe. Unglaublich! Sie hielt sein Gewicht. Franz konnte über das Wasser laufen! Zielstrebig lief er zu Moritz. Der rief schon von Weitem: „Hallo Franz, ist das nicht klasse, dass unser Teich endlich nach Jahren mal wieder zugefroren ist? Schon seit Ewigkeiten war es nicht mehr kalt genug. Aber in den letzten Nächten sind die Temperaturen endlich weit unter 0 Grad gesunken." Ach, so war das, die oberste Schicht des Teiches war also zu einem großen Eiswürfel geworden und sein Wasser hatte sich darunter versteckt. In den nächsten Tagen hatten Franz und seine Freunde viel Spaß beim Schlittschuhlaufen und Eiswürfelangeln. Aber nach einer Woche nervte ihn die Eisschicht. Ständig hatte Franz kalte Füße und das trotz selbst gestrickter Socken vom Kindergartenbasar. Außerdem vermisste Franz

das Seerosenhüpfen und Boot fahren. Alle diese Spiele waren jetzt mit der Eisschicht nicht mehr möglich. Irgendwann musste das Eis doch verschwinden, es war von selbst gekommen und musste doch auch von selbst wieder weggehen!? Die Wetterfrösche prophezeiten auch in den nächsten Wochen noch Temperaturen unter 0° C. Man konnte also nicht auf Tauwetter hoffen. Franz überlegte. Die Menschen streuten Salz auf ihre Straßen, um sie von Eis und Schnee zu befreien. Er konnte sich lebhaft vorstellen, wie er mit ein paar Salzkörnern die Eisschicht zum Schmelzen bringen konnte. Das ging bei seinem Teich nur leider nicht, denn alle Lebewesen in und um den Teich wären dadurch in Gefahr. Ihr erinnert euch? Erst vor einiger Zeit hatten die Tiere mit viel Mühe das Salz aus dem See geschafft. Für den Teich gab es nur eine Möglichkeit, die Tiere mussten auf Tauwetter warten. Trotzdem fragte sich Franz, wie er Eis zum Tauen bringen könnte.

Er zog sich in sein Labor in die Froschhöhle zurück und probierte dort, das Eis mit Salz zu schmelzen.

Was meint Ihr, kann das funktionieren?

Wieso, weshalb, warum?

Kinder wissen, dass wir Salz benutzen, um unsere Straßen eis- und schneefrei zu halten. Aber wieso schmilzt Salz Eis? Und wieso sind unsere Straßen dann im Winter nicht voller Salz? In diesem Versuch können die Kinder genau beobachten, was passiert.

Materialliste:

- Salz
- ein Suppenteller
- Leitungswasser

Versuchsaufbau:

- Frieren Sie einen Tag, bevor Sie den Versuch durchführen, etwas Wasser auf einem Suppenteller ein.
- Streuen Sie am nächsten Tag das Salz auf das Eis.
- Beobachten Sie, was passiert.

Was passiert?

Das Eis taut an der Oberfläche durch das Salz an und gefriert nicht mehr. Das Salz löst sich hierbei in dem kleinen Anteil Wasser, der im Eis vorhanden ist. Dabei drängen sich die Wasserteilchen zwischen die Salzteilchen. So entsteht eine Salzlösung. Diese Salzlösung gefriert nicht schon bei 0° C wie unser Wasser, sondern erst bei wesentlich tieferen Temperaturen. Durch Salzstreuen kann also Glatteisbildung auf Straßen verhindert werden. Auch die Tatsache, dass Meerwasser nicht so schnell gefriert wie Süßwasser, kann an den Alltag anknüpfen. Auch hier setzt das Salz den Gefrierpunkt herab.

Mögliche Fortsetzung:

Falls die Kinder, wie Franz, einmal Eiswürfelangeln spielen wollen, empfiehlt sich dieser Zusatzversuch. Hierfür benötigen Sie: Eiswürfel, Salz, einen Bindfaden und ein Glas mit kaltem Leitungswasser. Zuerst lassen Sie den Eiswürfel ins Wasser fallen (er wird auf dem Wasser schwimmen). Dann legen Sie das Ende des Bindfadens auf den Eiswürfel.

Jetzt streuen Sie Salz über die Stelle, an der der Faden auf dem Eiswürfel liegt. Beobachten Sie, was geschieht: Der Faden friert an dem Eiswürfel fest und Sie können Eiswürfel angeln. Das Salz setzt auch hier den Gefrierpunkt des Wassers herab. Dadurch schmilzt der Eiswürfel an der Oberfläche leicht an. Wenn das Eis dann wieder gefriert, ist der Faden am Eis festgefroren.

Salz hilft beim Kühlen

Ein Kühlschrank für die Froschhöhle

Zufrieden hüpfte Franz vom Kindergarten nach Hause. Wie gut, dass er sich heute Morgen doch noch auf den Weg dorthin gemacht hatte, dachte Franz. Sein erster Gedanke war der Wunsch nach einem Urlaubstag gewesen, um einfach mal wieder wie die anderen Frösche des Waldteiches den Tag faul am Teich zu verbringen. Aber wenn Franz heute nicht zum Kindergarten gegangen wäre, hätte er doch tatsächlich nie erfahren, wie er sich einen Kühlschrank in seine Froschhöhle bauen konnte. Im Kindergarten hatte die Erzieherin von Seefahrern aus dem Fernen Osten erzählt. Diese hatten von ihren langen Reisen ein Geheimrezept mitgebracht, in dem beschrieben wurde, wie man Speisen kühlt, ohne sie direkt mit Eis zu vermischen. „Klasse," dachte Franz. „das ist genau das, was in meiner Froschhöhle noch fehlt." Franz hatte dort immer noch keinen Strom und somit auch keinen Kühlschrank.

Im Winter, so wie jetzt, war das nicht schlimm, aber im Sommer hätte er zwischendurch gern ein kaltes Getränk gehabt. Die Kinder, die hatten es leicht, jeder aus seiner Kindergartengruppe hatte einen Kühlschrank zu Hause. Oft, wenn er sich nachmittags mit den Kindern verabredete, hatte er diesen Luxus erlebt. Die Kühlschränke der Menschen waren voll mit Leckereien. Ein Schlaraffenland für Frösche, hatte Franz bis vor Kurzem noch gedacht, doch hatte er seine Meinung durch ein Erlebnis bei seinem Freund Fritz geändert. Vor einem Monat hatte er sich mit Fritz zum Spielen verabredet. Noch bevor das Spiel begann, plünderten die beiden den Kühlschrank. Franz hüpfte direkt in das Schlaraffenland im Inneren des Kühlschrankes. Fritz nahm sich einen Schokopudding und setzte sich an den Küchentisch. Während Franz noch im Kühlschrank stöberte, aß Fritz den Pudding auf. Doch plötzlich wurde es dunkel und kalt. Franz hüpfte in Richtung Kühlschranktür, aber sie war zu. Franz bibberte, es war eisig. Er würde erfrieren, wenn Fritz nicht bald bemerkte, dass die Tür zugefallen war. Doch auf Fritz war Verlass. Sobald er seinen Pudding ausgelöffelt hatte, kam er zum Kühlschrank, um sich einen Zweiten zu holen, und entdeckte den bibbernden Franz. Natürlich hatte Fritz ihm dann ein heißes Bad zum Aufwärmen in der Küchenspüle eingelassen. Seit diesem Tag hatte Franz Angst vor den Kühlschränken der Menschen.

Aber so ein Seefahrerkühlschrank, wie sie ihn heute im Kindergarten gebaut hatten, der war prima. So einen konnte Franz gut gebrauchen und was besonders wichtig war, er funktionierte ganz ohne Türen.

Wenn Ihr wissen wollt, wie so ein Seefahrerkühlschrank funktioniert, dann schaut Euch einfach den folgenden Versuch an und baut Euch Euren eigenen.

Wieso, weshalb, warum?

Dieser Versuch zeigt, wie einfach man mit Salz kühlen kann. Auch unsere Vorfahren wussten die Eigenschaften des Salzes schon zu nutzen. Noch heute wird das Salz-Eis-Gemisch zur Herstellung von traditionellem Speiseeis verwendet.

KLEINE SALZWERKSTATT MIT FRANZ FROSCH

Materialliste:

- ein Metallbecher oder eine kleine Metallschüssel
- kaltes Leitungswasser
- eine große Schüssel mit Wasser
- ein Löffel
- eine Tüte Crushed Ice *(zerkleinerte Eiswürfel)*
- Salz
- zwei Thermometer

Versuchsaufbau:

- Zuerst füllen Sie den Metallbecher zu einem Viertel mit dem kalten Wasser.
- Diesen stellen Sie dann in die wassergefüllte Schüssel.
- Schütten Sie nun das Crushed Ice hinein.
- Streuen Sie Salz dazu.
- Rühren Sie das Wasser-Eis-Salz Gemisch gut um.

Was passiert?

Nach einiger Zeit ist das Wasser im Becher gefroren. Salz und zerkleinertes Eis sind somit ein Gemisch zur Kälteerzeugung. Das zugegebene Salz löst sich auf, wenn das Eis in der Schüssel schmilzt. Sowohl beim Schmelzen des Eises als auch beim Auflösen des Salzes wird Wärme verbraucht. Die Salzlösung kühlt dadurch ab. Das Wasser im Becher gefriert.

Mögliche Fortsetzung:

Die Kinder können anhand eines Thermometers nachmessen, wie gut Salz kühlt.

1) Temperatur von reinem Eis: _____ °C
2) Temperatur von Eis mit Salz: _____ °C

Bildungslichtblick:

Am Ende dieser Versuchsreihe werden die Kinder unter anderem:
- den Geschmack von Salz kennen,
- erfahren haben, wofür Salz im Alltag verwendet wird,
- wissen, dass Salz sich in Wasser löst,
- wissen, dass Salz sich im Wasser verteilt,
- ausprobiert haben, wie sie Salz aus Salzwasser gewinnen können,
- wissen, dass Salzwasser einen Auftrieb hat,
- das Kühlen durch Salz kennen.

Waschtag am Waldteich

Worum es geht und was für Kinder wichtig ist

In dieser Reihe beschäftigen wir uns mit einem weiteren Produkt des Alltags, das wir als „Waschmittel" bezeichnen. Mit dem Oberbegriff „Waschmittel" werden wir in dieser Reihe verschiedene Substanzen wie Seife und Spülmittel benennen. All diese „Waschmittel" verbindet die Eigenschaft, dass man mit ihnen reinigen kann. Geschirr, Hände und sogar große Gegenstände wie Autos können mit ihrer Hilfe vom Schmutz befreit werden.

Aber was für eine Eigenschaft steckt in diesen Mitteln, dass sie den oft so hartnäckigen Schmutz einfach verschwinden lassen? Wo kommen sie her, diese Waschmittel, gab es sie schon immer oder sind sie wirklich eine Erfindung? Auf all diese Fragen werden wir in diesem Kapitel gemeinsam mit den Kindern eine Antwort suchen. Denn dass von diesen Substanzen eine Faszination für Kinder ausgeht, hat wahrscheinlich jeder von Ihnen schon einmal beobachten dürfen. Rechnet man den Seifenverbrauch unseres Kindergartens auf jedes Kind einmal um, so müssten wir in unserer Einrichtung die Kinder mit den saubersten Händen in ganz Deutschland haben.

Da dies eindeutig nicht der Fall ist, habe ich mich einmal bewusst auf den Weg in unsere Waschräume gemacht und beobachtet, was die Kinder mit der Seife so alles anstellen. Die erste Beobachtung war eher enttäuschend, die Kinder waschen sich mit der Seife wirklich die Hände. Trotzdem unterscheidet sich dieses Händewaschen von dem der Erwachsenen. Die Kinder drehen die Seife sehr lange und ausgiebig in den Händen, solange bis eine richtig dicke Schaumschicht entsteht. Es ist bei vielen Kindern eher ein Spielen als eine Pflichthandlung (die Pflicht-Hände-Wascher benutzen die Seife gar nicht). Außerdem gibt es da noch die Kinder, die in der Seife ein Reinigungsmittel für jede Gelegenheit sehen. Vom verdreckten Farbpinsel über die Zahnbürste bis hin zur Reinigung der Fliesen benutzen sie die Seife für alles. Diese Beobachtung führte zu folgenden Veränderungen in unserem Kindergarten: Die Handseife wurde aus hygienischen Gründen durch Flüssigseife ersetzt, der hohe Seifenverbrauch wurde hingenommen und die folgende Experimentierreihe zum Thema Waschmittel entstand.

Lange habe ich überlegt, ob ich den Begriff „Waschmittel" durch den korrekten Oberbegriff für all die beschriebenen Substanzen, „Tenside", ersetze. Ich habe mich aber dann doch entschieden, es für die Kinder beim allgemeinen Wort „Waschmittel" zu lassen.

Also hier nur kurz für den erwachsenen Leser: Der Name Tenside wird seit 1964 für waschaktive Substanzen benutzt. Keine Seife, kein Reinigungsprodukt und kein Waschmittel kommen ohne Tenside aus. Ihr Leistungsvermögen ist umfassend: Sie tragen zur Reinigung bei, können als Lösungsmittel für Schmutz dienen, die Schaumbildung fördern oder reduzieren. Als Zusatz in Wasch- und Reinigungsmitteln verringern Tenside die Oberflächenspannung des Wassers. Sie machen es weicher und verbinden Flüssigkeiten, die sich normalerweise nicht verbinden lassen – also Wasser und Öle – zu Emulsionen. Und wer hat das erfunden? Seife benutzen Menschen schon seit Jahrtausenden. Eine Vorform der heutigen Seife kannte man bereits vor etwa 4500 Jahren. Die Rezeptur beinhaltet schon eine Anleitung zum „Kochen" von Seifen aus Pottasche und Ölen: Die alkalische Pottasche, die man aus verbrannten Pflanzen und Hölzern gewann, wurde mit den Ölen verkocht. Die Mischung setzte die Oberflächenspannung des Wassers herab, sodass die Fett lösende Lauge den Schmutz gut angreifen konnte. An diesem Reinigungsprinzip hat sich im Laufe der Jahrtausende nichts geändert.

Neben dieser Reinigungswirkung haben Waschmittel leider auch negative Auswirkungen auf uns und unsere Umwelt. Auch damit dürfen Kinder bereits im Kindergartenalter konfrontiert werden:

- Beim Händewaschen mit haushaltsüblichen Seifen wird der Säureschutzmantel der Haut gestört, die Haut braucht etwa zwei Stunden, um diesen Schutzmantel wieder zu regenerieren.
- Enzyme oder Duftstoffe in Waschmitteln können z. B. allergische Reaktionen auslösen.
- Viele der in Waschmitteln enthaltenen Chemikalien haben einen negativen Einfluss auf die Tier- und Pflanzenwelt und können so indirekt auch für den Menschen gefährlich werden. Um einen entsprechenden Schutz zu gewährleisten, wurden in der Vergangenheit in Deutschland verschiedene Gesetze

verabschiedet, welche nähere Bestimmungen für die Inhaltsstoffe von Waschmitteln festlegen. Trotz dieser und vieler anderer Gesetze zur Verbesserung der Umweltverträglichkeit von Waschmitteln ist die „Gefahr" jedoch noch nicht gebannt, denn viele der neuen Bestandteile sind leider immer noch nicht so umweltverträglich wie erhofft.

Diese wenigen negativen Eigenschaften sollten Sie aber nicht davon abhalten, mit Waschmitteln zu experimentieren. Achten Sie einfach darauf, möglichst umweltfreundliche Produkte zu benutzen. So, und nun genug der Theorie – auf geht's in die spannende Welt der Waschmittel.

Hinweise zum Material:

Zum Forschen mit Waschmitteln im Kindergarten benötigen Sie folgende Materialien: einfache Wassergläser, Nähnadeln, Lupen, Haushaltspapier (Küchenrolle), Pipetten, Strohhalme, Spülmittel, Petrischalen oder Tassenunterteller, Pfeffer, Suppenteller, Scheren, Bleistifte, Papier, Speiseöl, Reagenzgläser, Reagenzglasständer, Schüsseln, Tinte, Pinzetten, Rührstäbe, Bechergläser 50–400ml, Servietten, bunte Seifenstücke, Glycerinseife, Gießform, Metallschüssel, Parfüm.

Wasser hat eine Haut?!

Franz erklärt Oskar die Haut des Wassers

Es war ein sonniger Vorfrühlingstag, aber noch ziemlich kalt. Franz saß erschöpft von seinem Kindergartenmorgen am Ufer des Waldteiches. Er beobachtete die Wasserflöhe, die munter über das Wasser hüpften. Beneidenswert – wie oft hatte er schon versucht, so grazil übers Wasser zu hüpfen. Aber jeder Versuch hatte bis jetzt in einem Tauchgang geendet. Das Hüpfen an sich war kein Problem, das hatte er bereits als Babyfrosch gelernt. Das Problem war eher die Haut des Wassers, die seinem Gewicht bei jedem seiner Versuche nachgab. Plötzlich machte es „Plitsch" vor seiner

Nase. Oskar, der frechste aller Wasserflöhe, grinste ihn breit an. „Na, Franz, Lust mitzuspielen?" „Nö", antwortete Franz. Er würde sich von diesem Angeber nicht seine verdiente Mittagsruhe verderben lassen. Aber Oskar gab nicht auf und nervte ihn weiter. „Bist du zu dick geworden zum Hüpfen oder hast du Angst vorm Ertrinken?", fragte Oskar. Franz versuchte diesen unverschämten Wasserfloh zu ignorieren und antwortete nicht. „Vielleicht schaffst du es ja heute, ohne unterzugehen über den Waldteich zu hüpfen", neckte Oskar ihn weiter.

Jetzt hatte Franz aber genug, seine Mittagspause war sowieso ruiniert, also konnte er sich auch die Zeit nehmen, diesem nervigen Wasserfloh mal ein wenig die Welt zu erklären. „Nun pass mal gut auf, du kleiner Wasserfloh", begann Franz, „du bist ein kleiner, schwacher Wasserfloh, mit so einem Leichtgewicht kann es jeder aufnehmen, sogar die Haut des Wassers." „Was redete dieser Frosch da für einen Quatsch? Als ob der Waldteich eine Haut hätte", grübelte Oskar. Aber bevor Oskar seinen Gedanken aussprechen konnte, redete Franz munter weiter: „Ich hingegen bin ein stattlicher, sehr großer Frosch. Mit mir kann es keiner aufnehmen. Ich bin so groß und schwer, dass mich keiner, schon gar nicht die dünne Haut des Wassers, tragen kann." Oskar schaute Franz verwirrt an. Er war sich nun nicht mehr sicher, ob Franz Quatsch redete oder das Wasser im Waldteich wirklich eine Haut besaß. Wenn er ehrlich war, hatte er noch nie darauf geachtet, ob das Wasser eine Haut hatte.

Habt Ihr die Haut des Wassers schon einmal gesehen? Oder hat Oskar mit seinen Zweifeln doch Recht und Wasser hat keine Haut? Folgender Versuch, den Franz aus dem Kindergarten mitgebracht hat, wird Euch diese Frage beantworten.

Wieso, weshalb, warum?

Das erste Experiment dieser Reihe setzt beim Wasser an und nicht wie vielleicht vermutet beim Waschmittel. Dieser Versuch ist notwendig, da Waschmittel meist in Verbindung mit Wasser eingesetzt wird und deshalb Wissen über die Haut des Wassers bei den Kindern zum Verständnis der nächsten Versuche angelegt werden sollte. Die Kinder lernen in diesem Versuch die Oberflächenspannung kennen. Sie erleben, dass das Wasser, ähnlich wie wir Menschen, eine Haut hat, die es von der Außenwelt abgrenzt. Die Oberflächenspannung des Wassers spielt nicht nur in der Geschichte, sondern auch in der Natur eine wichtige Rolle. Leichte Tiere, wie zum Beispiel Wasserläufer oder Wasserflöhe, können von der Wasseroberfläche eines Teiches getragen werden. Bestimmt haben Sie schon einmal beobachtet, dass man in ein Glas, das schon bis zum Rand gefüllt ist, trotzdem noch Flüssigkeit gießen kann. Auch dies hängt mit der Oberflächenspannung des Wassers zusammen.

Materialliste:

- ein Glas mit Leitungswasser
- eine Nähnadel
- eine Lupe
- ein kleines Stück Haushaltspapier *(Küchenrolle)*
- eine Schere

Versuchsaufbau:

- Zuerst basteln Sie der Nähnadel eine kleine „Luftmatratze" aus Haushaltspapier, indem Sie aus dem Haushaltspapier ein Stück ausschneiden, das so groß ist, dass die Nadel darauf liegen kann.
- Dann legen Sie die Nadel auf das Papier und lassen beides, mit viel Fingerspitzengefühl, zu Wasser.
- Warten Sie auf eine Reaktion. Was geschieht?

Was passiert?

Das Papier saugt sich voll Wasser und sinkt. Die Nadel aber wird von der Haut des Wassers getragen. Wasser besteht aus vielen winzigen Teilchen. Zwischen ihnen wirken Anziehungskräfte, die das Wasser vor dem Auseinanderfallen bewahren. Ein Wasserteilchen, das sich in der Mitte des Wassers befindet, wird von allen Teilchen, die es oben und unten, rechts und links umgeben, angezogen. Ein Teilchen, das sich an der Oberfläche des Wassers befindet, wird hingegen nur nach unten und zu den Seiten angezogen, weil sich über ihm keine weiteren Teilchen befinden. Dadurch ist die Oberfläche des Wassers gespannt wie eine Haut. Diese Haut kann die Nadel tragen. Bei genauerer Betrachtung kann man durch die Lupe sehen, dass selbst das Gewicht der

Nadel die Haut des Wassers leicht eindrückt. Damit wird klar, dass die Haut des Wassers zu schwach ist, um Frösche wie unseren Franz zu tragen.

Mögliche Fortsetzung:

Lassen Sie die Kinder ausprobieren, ob das Wasser auch Büroklammern oder Ähnliches tragen kann und wenn ja, wie viele? Die Erfahrung zeigt, dass die Kinder in diesem kleinen Wettstreit viel Geduld und Geschick zeigen.

Spülmittel zerstört die Haut des Wassers

Oskar der Wasserfloh versinkt im Waldteich

Ein paar Tage später hüpfte Franz fröhlich durch den Wald. Plötzlich hörte er eine bekannte Stimme hinter sich. „Oh, der Herr Forscherfrosch höchstpersönlich!", schrie Oskar, damit Franz ihn nicht überhörte. „Treffen wir uns heute zum Wasserhüpfen?", nervte Oskar weiter. Das konnte doch nicht wahr sein, dachte Franz. Hatte dieser Wasserfloh denn nichts von dem verstanden, was er ihm über die Haut des Wassers erklärt hatte? Vielleicht verstand Oskar seine Sprache nicht? Felix, ein Kumpel von ihm aus dem Kindergarten, hatte einmal erzählt, dass ihn in seinem Urlaub in Italien keiner verstanden hatte. Nein, das konnte auch nicht die Lösung sein. Franz kam zu dem Schluss, dass es an der Sprache nicht liegen konnte, sondern mehr an der fehlenden Einsicht von Oskar. Eigentlich schade, dass Oskar nur Talent zum Wasserhüpfen hatte. Trotzdem, er wollte dem Wasserfloh einen Streich spielen und ihn einmal im kalten Nass abtauchen lassen. Der Wasserfloh war leichter als er, da gab es keinen Zweifel. Ob Franz, wenn er ganz wenig aß, so leicht werden würde wie ein Wasserfloh? Aber diese Idee verwarf Franz sofort. Wegen Oskar würde er doch nicht auf seine leckeren Fliegen verzichten, nein, das ginge nun wirklich zu weit.

Franz grübelte weiter. Wie konnte er die „Haut" des Waldteiches dazu bringen, Oskar untergehen zu lassen? Nur einmal wollte Franz Oskar im Teich versinken sehen. Ich weiß, es ist nicht nett, andere zu ärgern, aber vielleicht könnt Ihr in diesem Fall einmal eine Ausnahme machen und Franz eine Idee liefern. Franz weiß nämlich nicht, wie er die Haut des Wassers schwächen kann.

Habt Ihr Superforscher eine Idee und könnt sie Eurem Freund verraten?

Wieso, weshalb, warum?

Warum benutzen wir zum Reinigen unseres Geschirrs Spülmittel und nicht einfach nur Wasser? Die Seife legt sich als „Vermittler" zwischen das Wasser und den Schmutz. Sie taucht auf der einen Seite in den Schmutz ein und auf der anderen Seite in das Wasser. Dadurch entstehen kleine Schmutzkugeln, die vollständig von Seife umgeben sind. Diese Kugeln lassen sich dann ganz einfach durch Wasser wegspülen.

Wichtig: An dieser Stelle sollten Sie die Kinder darauf hinweisen, dass sie natürlich in das Kindergartenbiotop keine Waschsubstanzen geben dürfen!

Materialliste:

- zwei Glasschüsseln
- Leitungswasser
- Spülmittel
- eine Serviette
- eine Schere

Versuchsaufbau:

- Schneiden Sie mit einer Schere aus einer Serviette einen Taucher oder einen Wasserfloh aus. Da die Serviette mehrere Lagen hat, haben Sie so gleich mehrere Taucher oder Wasserflöhe.
- Füllen Sie die zwei Glasschüsseln mit Leitungswasser.
- Geben Sie nun in die erste Schüssel ein paar Tropfen Spülmittel.
- Im nächsten Schritt kommen unsere Taucher zum Einsatz. Legen Sie gleichzeitig (wichtig!) jeweils einen Taucher, also eine Schicht der Serviette, auf die Wasseroberflächen der beiden Schüsseln (Vorsicht, hier ist viel Fingerspitzengefühl gefragt).
- Beobachten Sie, was passiert.

Was passiert?

Der Taucher oder Wasserfloh in der Schüssel mit dem Spülmittel taucht sehr schnell unter, er wird nicht von der Haut des Wassers getragen. Der Taucher in der zweiten Schüssel hingegen schwimmt eine Zeit lang auf der Wasseroberfläche. Im Versuch „Franz erklärt Oskar die Haut des Wassers" haben wir eben diese Haut des Wassers gesehen. Gibt man nun Spülmittel zum Wasser, setzen sich die Spülmittelteilchen zwischen die Wasserteilchen. Die Anziehungskraft der Wasserteilchen wird dadurch geschwächt, sie können sich durch diese Störung nicht mehr so leicht gegenseitig anziehen. Das Spülmittel zerstört die Wasserhaut. Die einzelnen Wassertropfen zerfallen, der Taucher geht unter.

Mögliche Fortsetzung:

Zu diesem Versuch gibt es viele Alternativversuche, die das gleiche Phänomen beschreiben. Zum Beispiel den Wasserberg auf der Münze. Hierzu geben Sie tropfenweise Wasser mit einer Pipette auf ein Geldstück. Auf eine zweite Münze tropfen Sie Wasser, das Sie zuvor mit Spülmittel vermengt haben. Sie werden sehen, dass Sie mit dem Wasser einen richtigen Berg aus Wassertropfen auf der Münze bauen können. Mit der Spülmittellösung gelingt das nicht. Zählen Sie einfach einmal, wie viele Tropfen Wasser auf eine Münze passen und wie viele Tropfen aus dem Spülmittel-Wasser-Gemisch.

Außerdem gibt es noch den Versuch vom zerfallenden Wassertropfen: Hierzu verteilen Sie mit einer Pipette in einer Petrischale ganz viele Wassertropfen.

Mit der Lupe können Sie kontrollieren, ob die Wassertropfen wirklich rund sind. Dann füllen Sie einen großen Tropfen Spülmittel in eine Petrischale. Zum Schluss nehmen Sie den Strohhalm und tauchen seine Spitze in das Spülmittel. Mit dieser Spitze des Strohhalms berühren Sie dann die Tropfen in der Petrischale. Was geschieht?

Spülmittel hat eine besondere Kraft (1)

Die Flucht des Pfeffers

Franz war heute zum Frühstückspolizisten des Kindergartens ernannt worden. Dies bedeutete schwierige Aufgaben. Frühstückspolizisten durften nur die Kinder des Kindergartens werden, die sich beim Frühstück richtig gut auskannten. Und endlich, nach über einem Jahr, hatte er diese Aufgabe bekommen. Als Franz vor einem Jahr in den Kindergarten kam, hatte er besonders beim Frühstück viel lernen müssen. Die Menschen hatten sehr viele seltsame Frühstücksregeln. Zum Beispiel durfte er in der Milch auf dem Frühstückstisch nicht baden. Dabei sollte ein Milchbad doch sehr gesund sein, hatte er in einer Zeitschrift seiner Mutter gelesen. Franz verstand bis heute nicht, weshalb er im Kindergarten nicht in der Milch baden sollte. Wisst ihr es vielleicht? Und auch die Fliegen, die manchmal auf den Broten der Kinder saßen, durfte er mit seiner langen, klebrigen Zunge nicht ablecken. Bei dieser Regel duldeten die Kinder und Erzieherinnen keinen Verstoß. Aber heute würde er sich keine Fehler leisten. Er würde alles richtig machen und ein guter Polizist sein.

Stolz schaute Franz auf seine Brust, ein dicker Sheriffstern steckte dort. Daran konnte jeder sehen, dass Franz heute das Sagen hatte. Stolz begann Franz seinen Dienst. Zuerst füllte er warmes Wasser in die Spülschüssel. Dann nahm er das Spülmittel zur Hand und gab ein paar Tropfen davon in die Wasserschüssel. Franz blickte den Tropfen hinterher, sie verschwanden. Franz probierte es noch einmal, kräftig drückte er auf die Flasche. Das farbige Mittel tropfte in das Wasser und – war nicht mehr zu sehen. Verrückt, oder? Franz schaute auf die Flasche. Wahrscheinlich musste er sie ganz in die Schüssel geben. Na klar, das war die Lösung. Kühn kippte Franz den Rest aus der Flasche in das Wasser. So, das musste reichen. Unerwartet stand Sabine, eine der Erzieherinnen, hinter ihm und fragte nach dem Spülmittel. Franz erklärte ihr, dass er das Spülmittel in das Wasser gegeben hatte, damit das Geschirr heute besonders sauber würde. Sabine steckte erschrocken einen Finger in das Wasser. An der seifigen Konsistenz spürte sie, dass viel zu viel Spülmittel darin war. Sie blickte auf den kleinen grünen Frosch herunter, der alles richtig machen wollte. „Weißt du, Franz", begann sie behutsam, „ein paar Tropfen Spülmittel hätten für die ganze Schüssel gereicht."„Hab ich versucht", antwortete Franz, „aber die sind immer wieder verschwunden." „Obwohl du es nicht mehr sehen konntest, war das Spülmittel noch im Wasser", erklärte Sabine. Franz blickte seine Erzieherin verständnislos an. Ob Sabine recht hatte? Als sie Franz' große fragende Augen sah, nahm sie ihn auf die Hand und ging mit ihm ins Forscherlabor, wo sie ihm das Phänomen mit dem verschwundenen Spülmittel erklären wollte.

Habt Ihr Lust, die beiden zu begleiten?

Wieso, weshalb, warum?

Im ersten Versuch mit Oskar dem Wasserfloh haben die Kinder herausgefunden, dass Wasser eine Haut hat. Im zweiten Versuch dazu haben sie erlebt, wie Spülmittel diese zerstört. In beiden Versuchen haben die Kinder gesehen, dass die Haut des Wassers leichte Gegenstände, wie Nadeln oder Serviettenteile, tragen kann. In diesem Versuch mit Pfeffer soll nun das Wissen der Kinder vertieft und erweitert werden. Sie werden sehen, wie schnell sich Spülmittel im Wasser verteilt. Dies hat im Alltag der Kinder eine wichtige Bedeutung. Da das Mittel nach dem Verteilen nicht mehr sichtbar ist, neigen Kinder und Erwachsene sehr häufig dazu, zu viel Spülmittel zu verwenden. Dies belastet unsere Umwelt unnötig. Hier sehen die Kinder, wie schnell sich das Spülmittel verteilt, und lernen so einen sachgerechten, umweltbewussten Umgang damit.

WASCHTAG AM WALDTEICH

Materialliste:

- Pfeffer
- ein paar Tropfen Spülmittel
- ein Suppenteller
- Leitungswasser

Versuchsaufbau:

- Zuerst füllen Sie den Suppenteller mit Wasser und streuen etwas Pfeffer auf die Wasseroberfläche, sodass diese gut bedeckt ist.
- Dann geben Sie in die Mitte des Tellers einen Tropfen Spülmittel.
- Schauen Sie genau hin, was passiert.

Sollten Sie diesen Versuch wiederholen wollen, ist es wichtig, dass der Teller vorher gut abgespült wird. Schon kleine Reste des Spülmittels würden den erneuten Versuch stören.

Was passiert?

Zunächst schwimmt der Pfeffer auf der Haut des Wassers. Er wird, wie erwartet, von ihr getragen. Gibt man Spülmittel hinzu, wird er blitzschnell an den Tellerrand getrieben und sinkt dort zu Boden. Das Spülmittel verteilt sich ungeheuer schnell auf der gesamten Wasseroberfläche. Dabei ziehen die Spülmittelteilchen alles mit, was sich auf der Oberfläche des Wassers befindet, wie hier den Pfeffer. Deshalb sieht es so aus, als ob der Pfeffer vor dem Spülmittel flüchtet.

Spülmittel hat eine besondere Kraft (2)

Wer erfindet den schnellsten Treibstoff?

Die Frösche, die behaupteten, Kindergarten wäre nichts außer Spaß und Spiel, die hatten einfach keine Ahnung. An manchen Tagen war Kindergarten schwere Forscherarbeit. Franz konnte sich nicht vorstellen, dass es irgendwo auf der Welt Frösche gab, die noch mehr arbeiteten als er. Jedes Kind und auch er hatten heute Morgen ein kleines Papierboot geschenkt bekommen. Doch dieses Geschenk war mit einer Forscheraufgabe verbunden. Das Kind oder der Frosch, der das Boot am schnellsten durch eine Wasserschüssel befördern würde, konnte mit einer großartigen Überraschung rechnen. Die Überraschung hätte Franz schon gerne, aber wie sollte er das kleine Papierboot zu einem Schnellboot machen?
Betrübt schaute Franz auf das kleine Boot. Da lag es, klein, platt und unbeweglich. Franz blickte zu seinen Kameraden herüber. Na ja, viel weiter als er waren die auch nicht. Marie pustete wie wahnsinnig, um ihr Boot

anzutreiben. Ihr Kopf war vor lauter Anstrengung schon ganz rot. Ihr kleines Papierboot schaukelte wie bei einem Unwetter auf der Wasserschüssel hin und her, aber es bewegte sich kaum vorwärts. Ottos Boot lag bereits auf dem Boden der Schüssel, es war gesunken. Er hatte das Boot mit einer Luftpumpe bewegen wollen und es dabei versenkt. Auch das Boot von Clemens hatte Schiffbruch erlitten, er hatte vorne am Bug ein Band befestigt und es ziehen wollen, dabei war das Papier zerrissen und jetzt schwammen nur noch Papierfetzen im Wasser. Wenn das so weiterging, würde es kein Rennen mehr geben, da alle Boote bereits beim Probelauf gesunken waren. Das Ganze erinnerte mehr an einen Überfall durch Piraten als an ein Rennen. Attacke! Boot eins gekentert! Boot zwei war auf ewig auf den Boden der Meere verbannt! Ja, und wenn Franz nach rechts und links blickte, würden auch Boot drei, vier und fünf gleich untergehen.

Franz sah sich schon als Sieger, da fiel sein Blick auf Josef. Josef war ein großer Konkurrent für ihn. Er gehörte zu den besten Forschern im Kindergarten. Und auch dieses Mal sah das, was er tat, sehr überlegt aus. Josef machte keine Probefahrt. Das hieß, er würde sein Boot nicht wie die anderen im Vorfeld versenken. Aber das Schlimmste war, Josef hatte auch noch einen richtig guten Treibstoff. Er ging mit Brauseantrieb ins Rennen. Franz wühlte in seiner kleinen Forschertasche. Kabel, Magnete und Salz und eine Flasche Spülmittel kamen zum Vorschein. Mit den Kabeln, den Magneten und dem Salz rechnete er sich keine Chancen aus. Aber das Spülmittel, ja, das konnte funktionieren. Josef geht also mit Brause an den Start und Franz mit Spülmittel.

Was meint Ihr, wer von beiden wird das Rennen gewinnen? Oder siegt doch noch Otto, Clemens oder Marie? Probiert es einfach mal aus, ich habe Euch einen Bootsbauplan beigelegt.

Wieso, weshalb, warum?

In diesem Versuch wird das Wissen der Kinder aus dem letzten Experiment vertieft. Sie sehen, dass sich das Spülmittel im Wasser verteilt und Dinge, die an der Oberfläche des Wassers schwimmen, mit sich zieht. Bereits durch einen Tropfen Spülmittel wird unser Papierboot zum Schnellboot. Die Kinder werden merken, dass es keine Auswirkungen auf das Boot hat, wenn man weitere Tropfen Spülmittel dazugibt. Dadurch lernen die Kinder, wie zuvor, umweltbewusst mit Reinigungsmittel umzugehen.

WASCHTAG AM WALDTEICH

Materialliste:

- eine Schüssel mit Leitungswasser
- Spülmittel
- eine Schere
- ein Blatt Papier
- Vorlage für das Boot
  (Zeichnung rechts)
- ein Bleistift
- eventuell Brause, eine Luftpumpe und was den Kindern sonst noch als Treibstoff einfällt.

Versuchsaufbau:

- Zuerst malen Sie mithilfe der Schablone ein Boot auf das Papier und schneiden es aus.
- Dann füllen Sie die Schüssel mit Wasser und lassen das Boot vorsichtig schwimmen.
- Jetzt sollten Sie die verschiedenen Treibstoffe hinter das Boot ins Wasser geben.
- Bei jedem Treibstoffwechsel ist es wichtig, dass der Teller vorher gut abgespült wird. Schon kleine Reste des vorherigen Treibstoffs würden den erneuten Versuch stören.

Was passiert?

Zunächst schwimmt das Papierboot auf der Haut des Wassers. Es wird wie erwartet von ihr getragen. Gibt man Spülmittel hinzu, fährt es blitzschnell über die Fläche an den Schüsselrand. Das Spülmittel verteilt sich im Nu auf der gesamten Wasseroberfläche. Dabei ziehen die Spülmittelteilchen alles mit, was sich auf der Oberfläche des Wassers befindet. Wie im letzten Versuch der Pfeffer, wird diesmal das Boot mitgezogen. Nun ist klar, weshalb Spülmittel ein guter Treibstoff für unser Papierboot ist.

Mögliche Fortsetzung:

Dieses Phänomen lässt sich auch sehr schön mit Streichhölzern darstellen. Spalten Sie ein Zündholz am hinteren Ende leicht auf und drücken Sie etwas weiche Seife in den Schlitz. Legen Sie das Holz in einen Teller mit Leitungswasser, bewegt es sich eine ganze Weile rasch vorwärts. In einer Badewanne können mehrere Hölzchen sogar ein Wettrennen machen. Mit einem Tropfen Spülmittel anstelle der Seife würde die Bewegung blitzartig erfolgen.

Spülmittel löst Öl

Die verflixte Quiz-Aufgabe

Mann oh Mann, hätte Franz sich doch bloß am Anfang des Kindergartenjahres nicht für die Chemie-AG entschieden. Jetzt saß er schon den ganzen Samstag in der Froschhöhle und versuchte eine Quiz-Aufgabe für die AG fertigzustellen. Doch die Aufgabe, die er im Kindergarten mitbekommen hatte, ließ sich nicht lösen. Franz nahm den zerknüllten Zettel mit der Fragestellung zum wiederholten Male in die Froschpfoten und las.

Lieber Franz,
Du bist jetzt schon ein Profiforscher, der sich mit Chemie gut auskennt. Deshalb bekommst Du für das Wochenende eine Experten-Quiz-Aufgabe: Versuche, in einem Reagenzglas Wasser und Speiseöl zu vermischen. Viel Spaß wünscht Dir Dein Chemieteam aus dem Kindergarten.

Beim ersten Lesen dachte Franz, so eine leichte Aufgabe, die würde ein Superfrosch wie er in Nullkommanix lösen. Munter hatte er sich an die Arbeit gemacht und Wasser und Öl zu gleichen Teilen in ein Reagenzglas gefüllt. Doch zu seinem Entsetzen hatten sich die beiden Flüssigkeiten nicht vermischt. Und auch jetzt, nach mehreren Stunden Arbeit, schwamm das Öl immer noch auf dem Wasser. Obwohl er in der Zwischenzeit alles Mögliche versucht hatte, um die beiden Flüssigkeiten zu vermischen.
Beim ersten Versuch hatte er zuerst das Wasser ins Reagenzglas gefüllt und dann das Öl. Klar, dass das Öl oben schwamm, oder? Vielleicht vermischten sich die beiden Flüssigkeiten, wenn das Wasser oben war. Deshalb füllte Franz beim zweiten Versuch erst das Öl ins Reagenzglas und dann das Wasser. Aber zu seinem Entsetzen schwamm auch bei dieser Technik das Öl nach kurzer Zeit oben. Dann hatte er versucht, die Flüssigkeiten durch Schütteln und Rühren zu vermengen, allerdings hatte auch das nur kurz ein Gemisch ergeben. Noch ehe Franz sich richtig freuen konnte, hatte

das Öl sich wieder an der Oberfläche abgesetzt. Dieses verflixte Öl! In seiner Verzweiflung hatte er es dann mit dem neuen Mixer seiner Froschmama probiert, doch selbst dieses Monstergerät eignete sich nicht dazu, die beiden Flüssigkeiten zusammenzubringen. Der Erfolg war immer nur von kurzer Dauer. Wie von Zauberhand löste sich das Gemisch ruckzuck wieder in die zwei Flüssigkeiten. Franz war mit seiner Weisheit am Ende. Ratlos räumte er sein kleines Labor auf und hüpfte an den Waldteich. Bestimmt würden ihn die Stille und die frische Luft am Teich auf neue Gedanken bringen.

Da hat unser Franz aber eine richtig schwere Aufgabe zu lösen. Ich glaube, wenn Ihr ihm nicht helft, wird er bis zum Montag weitergrübeln. Habt Ihr Lust, dem kleinen grünen Gesellen auf die Sprünge zu helfen?

Wieso, weshalb, warum?

Dass Öl und Wasser sich nicht mischen lassen, ist ein Problem, das auch im Alltag der Kinder auftritt. Zum Beispiel lassen sich ölverschmierte Hände nicht allein mit Wasser reinigen. In diesem Versuch lernen die Kinder, dass sich Öl und Wasser durch einen sogenannten Emulgator, hier das Spülmittel, zu einer Emulsion verbinden.

Materialliste:

- Speiseöl
- zwei Reagenzgläser
- zwei Reagenzglasverschlüsse *(Stopfen)*
- Leitungswasser
- Spülmittel
- zwei Pipetten
- ein Reagenzglasständer

Versuchsaufbau:

- Geben Sie jeweils 5 Pipetten voll Speiseöl und 5 Pipetten voll Wasser in beide Reagenzgläser.

- In das zweite Glas geben Sie nun ein paar Tropfen Spülmittel dazu.
- Verschließen Sie beide Gläser mit den Stopfen und schütteln sie.
- Hier ist es wichtig, dass Sie den Kindern, bevor Sie die Lösung verraten, Zeit lassen, selber darauf zu kommen. Machen Sie nach Punkt eins eine Pause und lassen die Kinder frei experimentieren. Lesen Sie die Aufgabe, die Franz bekommen hat, vor und lassen Sie die Kinder mit der Aufgabenstellung mindestens einen Tag alleine.

Was passiert?

In beiden Gläsern schwimmt zu Beginn das Öl auf dem Wasser, egal, in welcher Reihenfolge Sie es einfüllen. Das Öl hat die geringere Dichte und schwimmt deshalb immer oben. Nach dem Schütteln ist in dem Reagenzglas das Öl in kleinen Tröpfchen im Wasser verteilt. Aber wie Franz schon gemerkt hat, ist dieser Erfolg nur von kurzer Dauer und das Öl schwimmt sehr schnell wieder auf dem Wasser. In dem zweiten Glas, dem mit dem Spülmittel, entsteht ein Gemisch, auf dem oben etwas Schaum schwimmt. Bis dieses Gemisch sich wieder in zwei Schichten trennt, dauert es wesentlich länger als in dem ersten Glas. Wasser und Öl lassen sich also nicht miteinander vermischen, sie verstehen sich nicht. Öl ist wasserabstoßend. Deshalb braucht man, um die beiden zu vermischen, eine Substanz wie das Spülmittel, die es ermöglicht, die beiden zu vermischen (siehe den zweiten Versuch mit Oskar dem Wasserfloh).

Mögliche Fortsetzung:

Eine sehr alltagsnahe Fortsetzung dieses Versuchs ist die folgende: Spülen Sie zwei Gläser, das eine mit Spülmittel, das andere mit Wasser. Füllen Sie nun beide Gläser mit Malzbier. Sofort werden die Kinder sehen, was mit dem Schaum im spülmittelbehandelten Glas passiert. Anhand dieses Versuches können Sie Kindern sehr anschaulich erklären, dass das Spülmittel auch nach dem Spülen weiterwirkt und den Bierschaum verhindert. Deshalb sollten Gläser für Malzbier vor dem Einschenken immer noch einmal mit klarem Wasser ausgespült werden.

Seife rettet uns vor Viren und Bakterien

Schmutzfink Franz muss Pfoten waschen

„Hast du deine Pfoten gewaschen, Franz? Erst waschen, dann gibt's Essen", hörte Franz seine Mutter aus der Küche rufen. Herrje, ständig dieses Gemeckere! Warum nur? Franz blickte auf seine Pfoten, die eigentlich keine Wäsche nötig hatten. Sie waren grün wie immer, also warum sollte er auf seine Mutter hören? Ohne den Umweg ins Badezimmer setzte Franz sich an den Esstisch. Heute gab es Hähnchen, das mochte Franz, da konnte er mit den Pfoten essen und auf das unhandliche Besteck verzichten. Doch bevor Franz genüsslich in einen Hähnchenschenkel beißen konnte, nervte ihn seine Mutter schon wieder: „Franz, hast du deine Pfoten auch gründlich gewaschen?", fragte sie. Jetzt reichte es aber. Wütend sagte Franz: „Immer muss ich meine Pfoten waschen. Warum?" „Auf deinen Froschpfoten sind Millionen Bakterien und Viren!", antwortete seine Mutter. Oh Mann, er hatte doch gar keine Viren angefasst, und wie sollte er an Bakterien herangekommen sein? „Wie kommen die dorthin?", fragte Franz. „Jedes Mal, wenn du etwas anfasst, kommst du mit Viren und Bakterien in Kontakt. Sie bleiben auf der Haut kleben. Denk mal an alles, was du heute schon in der Pfote gehabt hast." Franz überlegte. Zuerst hatte er draußen mit dem Ball gespielt und dann war er natürlich im Kindergarten gewesen. Vielleicht

Falls möglich: - 1 Zeile (rechte Seite)

hatte er doch ein paar Viren oder Bakterien an den Pfoten.
Um dieser Frage auf den Grund zu gehen, flitzte unser Forscher Franz in sein Zimmer und holte eine große Lupe. Interessiert betrachtete er seine grünen Froschpfoten durch das dicke Lupenglas. Nichts. Franz suchte nach den Viren und Bakterien, die er sich wie kleine, gruselige Monster vorstellte. Die Froschmutter beobachtete erstaunt die vergeblichen Versuche ihres Sohnes. Liebevoll erklärte sie ihm, dass die Viren nur unter speziellen Supermikroskopen zu sehen seien. Trotzig legte Franz die Lupe zur Seite. Dann hatte er halt Minimonster an seinen Pfoten, das war ihm doch egal. Die dummen Dinger waren doch außen an ihm und nicht in seinem Körper, wie sollten sie ihn also krankmachen? Doch bevor Franz weitergrübeln konnte, erzählte seine Mutter: „Für die Viren und Bakterien ist es leicht, von der Pfote in deinen Körper zu gelangen. Etwa wenn du dein Hähnchen isst oder Schokolade. So kommen sie von der Pfote in den Mund und machen dich krank. Und weil ich das nicht möchte, nerve ich dich immer mit dem Pfotenwaschen." Nachdenklich hüpfte Franz von seinem Stuhl und ging ins Badezimmer. Reumütig hielt er seine Pfoten unter das Wasser und trocknete sie ab.

Aber hat Franz jetzt wirklich die Bakterien von seinen Pfoten gewaschen? Oder hat er etwas vergessen?

Wieso, weshalb, warum?

Ein Versuch zum Händewaschen, werden Sie jetzt vielleicht denken, das hat doch jeder schon viele Hundert Male gemacht! Eben weil Kinder das so oft machen, achten sie nicht darauf, wie sie ihre Hände waschen. Doch eben darauf kommt es an! Wasser darüberlaufen lassen und die Hände am Handtuch kurz abwischen – das bringt nicht viel. Richtig sauber werden die Hände nur, wenn die Kinder Wasser und Seife benutzen. Auch viele erwachsene Menschen aus Industrieländern glauben, dass Wasser allein schon wirkungsvoll genug ist. Dabei müssten sie ihre Hände mindestens 15 Sekunden lang mit Wasser und Seife waschen.

Materialliste:
- ein Stück Seife
- eine große Schüssel mit warmem Leitungswasser
- Speiseöl

Versuchsaufbau:

- Reiben Sie sich die Hände mit Speiseöl ein und versuchen Sie, dieses mit warmem Wasser wieder abzuwaschen.
- Im nächsten Schritt nehmen Sie die Seife hinzu und waschen Ihre Hände erneut.

Was passiert?

Mit Wasser allein bekommen Sie das Öl, und auch die Bakterien, nicht von den Händen. Benutzen Sie jedoch die Seife, bekommen Sie auch wieder saubere Hände. Seifen gehören genau wie Spülmittel zu den Tensiden. Seife ist also der „Vermittler" zwischen Schmutz und Wasser, wie wir im Versuch mit Oskar dem Wasserfloh und dem Spülmittel bereits gelernt haben. Die Seife löst den Schmutz und umschließt ihn. Er wird dann mit dem Wasser fortgespült.

Seife selber gießen

Franz, der Seifenfabrikant

Nachdem Franz wusste, was für gefährliche Minimonster auf seinen Froschpfoten lebten, nahm er die Geschichte mit dem Pfotenwaschen sehr ernst. Mehrmals täglich nahm er nun seine Seife zur Hand und drehte sie in seinen Pfoten. Inzwischen war es für ihn keine Pflicht mehr, seine Pfoten zu reinigen, sondern ein riesiger Spaß. Erst letzte Woche hatte er den Kindern im Kindergarten vorgeführt, wie toll ein Superfrosch wie er auf einem Stück Seife durchs Zimmer schlittern konnte. Schwupdiwup war er durch alle Räume gesaust. „Schneller, schneller, Franz!" hatten die anderen Kinder ihm laut zugerufen. Alle hatten ihren Spaß, bis die Erzieherinnen dem ganzen Klamauk ein Ende setzten. Sie waren von der Seifenaktion nicht begeistert. Und das nur, weil der Boden des Kindergartens bei der Schlitterpartie etwas glitschig geworden war und nach und nach alle Kinder über den Boden schlitterten. Im Gegensatz zu den Erzieherinnen fand Franz das Chaos aus übereinander stürzenden Kindern und Erwachsenen super.

Auch heute hatte Franz eine gute Idee, wie er seine Pfoten waschen und ganz nebenbei eine gute Tat vollbringen konnte. Das Schwein Elsa auf der Waldwiese hatte dringend eine Wäsche nötig. Elsa quiekte und grunzte, als Franz versuchte, sie zu waschen. Es war gar nicht so leicht, ein so dickes Schwein zu säubern. Immer wieder versuchte Elsa in den Schlamm zu flüchten. Nach einer Stunde Arbeit sah sie, zumindest an einigen Stellen, wieder rosa aus. Franz war zufrieden. Freudig hüpfte er nach Hause. Dunkle Schlammspuren kennzeichneten seinen Weg. Zu Hause angekommen erzählte Franz begeistert von seiner guten Tat und Elsa. Seinen Eltern schien die Geschichte zu gefallen, denn sie hörten ihm mucksmäuschenstill zu. Wenn er es sich genau überlegte, sahen ihre Gesichter sogar verschreckt aus. Erst in diesem Moment bemerkte er, dass er zwar Elsa geschrubbt hatte, aber nun selber aussah wie ein kleines Froschschweinchen. Freiwillig hüpfte Franz ins Bad, um sich unter der Dusche einzuseifen. Aber was war das? In der Schale lagen nur noch mehrere winzig kleine Seifenreste. Die großen Stücke hatte er für Elsa verbraucht. Die kleinen Stückchen würden niemals reichen, um einen großen Frosch wie Franz zu säubern. Aber so ganz nutzlos konnten die Reste doch auch nicht sein, oder?

Franz braucht unbedingt neue Seife. Könnt Ihr ihm helfen, welche herzustellen?

Wieso, weshalb, warum ?

Seife selbst herzustellen ist keine Zauberei. Es gibt verschiedene Methoden zur Seifenherstellung. Leider geschieht die „wirkliche" Seifenherstellung auf Basis von Natriumhydroxid (NaOH). Dieses wird zur Verseifung der Fette verwendet. Natriumhydroxid ist stark ätzend und darf deshalb bei Kindergartenkindern auf keinen Fall eingesetzt werden. Deshalb gießen wir im folgenden Versuch die Seife aus Glycerinseifenstücken. Kinder finden es spannend zu sehen, wie Dinge entstehen, die sie im Alltag benutzen. Dieser Versuch findet daher in der Forscherreihe der Waschmittel seine Berechtigung, obwohl er nur eine Alternative zur „wirklichen" Seifenherstellung ist.

WASCHTAG AM WALDTEICH

Materialliste:

- eine Metallschüssel
- Wasser
- einen Kochtopf *(in den die Metallschüssel passt)*
- Glycerinseifen zum Selbergießen
- Gießformen
- ein Esslöffel
- eine Kochplatte

Versuchsaufbau:

- Schneiden Sie die Glycerinseifen in kleine Stückchen, füllen Sie sie in die Metallschüssel.
- Füllen Sie den Kochtopf bis zur Hälfte mit Wasser und stellen Sie die Schüssel hinein.
- Erhitzen Sie das Wasser im Kochtopf auf dem Herd.
- Rühren Sie die Stückchen um, bis die Seifenreste weich, geschmeidig und ohne Klumpen sind.
- Wenn eine dickflüssige Masse entstanden ist, nehmen Sie den Kochtopf vom Herd und heben die Schüssel aus dem Topf.
- Gießen Sie nun die flüssige Seife in die Gießformen.
- Nun warten Sie eine Weile, bis die Masse abgekühlt ist.
- Wenn sie erkaltet ist, können Sie die neu entstandenen Seifen aus der Form herauslösen.

Was passiert?

Glycerinseifen sind leicht schmelzbar und umformbar. Deshalb konnten wir in diesem Versuch Seifenstückchen durch Erhitzen schmelzen.

Schaumbildung

Schaumberge in der Küche

Kleine Frösche sind oft wie kleine Kinder. Es gibt Tage, da haben sie den ganzen Kopf voller Blödsinn. Genau so ein Blödsinnstag war heute bei Franz und Moritz am Waldteich. Die beiden hatten sich an diesem Morgen schon ganz früh getroffen und es schien, als würden die Froscheltern und die Waldbewohner noch viele Überraschungen erleben. Zum Ärger der Froscheltern hatten die beiden gleich am Frühstückstisch eine Überschwemmung aus Milch veranstaltet. Wie es zu diesem Unglück gekommen war, wusste am Ende der Milchparty keiner von beiden mehr zu erklären. Angefangen hatte es damit, dass Moritz in die Frühstücksmilch gehüpft war. Franz hatte zuerst noch ein wenig gezögert, denn er wusste sehr genau, dass er in der Milch nicht baden durfte. Dann hatte er trotz des Verbotes den Sprung in die Milch gewagt. Schnell wurde den beiden Freunden die Milchkanne zu klein zum Baden, deshalb plünderten sie die Milchvorräte der Froschfamilie und richteten sich einen Pool aus Milch in der Spülschüssel ein. Vom obersten Regalbrett hatten sie dann ein Kunstturmspringen in den Pool veranstaltet und sehr viel Spaß gehabt. Solange bis die Froschmama vom Telefonieren zurückkam und dem Spiel ein abruptes Ende setzte. Um dem Ärger der Froschmutter zu entfliehen, flohen die beiden erst mal in Franz' Kinderzimmer.

Zum Glück fanden sie dort eine neue spannende Beschäftigung. Mit bunter Farbe bemalten sie ihre Froschpfoten und hüpften mit ihnen durch das Zimmer. Bereits nach kurzer Zeit war der ganze Boden voller bunter Spuren. Klasse sah das aus! Doch auch dieses Spiel wurde von der Froschmutter

WASCHTAG AM WALDTEICH

schimpfend verboten. Verärgert schickte sie Franz und Moritz an die frische Luft. Betrübt machten die beiden sich auf den Weg zum Waldteich. Dort saßen die beiden nun und suchten nach einer neuen Spielidee. „Hast du eine Idee, was wir spielen können?" fragte Franz. „Nö, hab keine Idee", quakte Moritz. „Was habt ihr denn so im Kindergarten gelernt in den letzten Tagen?", fragte er. „Mhm, wir haben mit Spülmittel experimentiert", antwortete Franz. „Wie kann man denn mit Spülmittel Experimente machen?", entgegnete Moritz. „Weiß ich nicht mehr!", antwortete Franz genervt. „Dann lass es uns doch einfach ausprobieren!", schlug Moritz vor. Und schon legten die beiden los. Mit großen Hüpfern brachen sie auf zum Waldkiosk und kauften sich eine Flasche Spülmittel.

Mit der Flasche unter dem Arm machten sie sich auf den Weg zur Froschhöhle von Moritz, denn bei Franz war die Stimmung zuhause ja gerade nicht so gut. Also hofften die beiden, dass Moritz' Eltern etwas mehr Verständnis für ihre Spiele zeigten. Leise schlichen sie sich dort in die Küche. Sie füllten die Spülschüssel mit Wasser und Moritz versuchte, ein paar Tropfen Spülmittel zum Experimentieren in die Schüssel zu geben. „Vorsicht, nicht zu viel!" schrie Franz. Aber da war es schon passiert, der Verschluss der Flasche hatte sich gelöst und das ganze Spülmittel floss ins Wasser. „Das ist zu viel", sagte Franz. „Man darf nur ein paar Tropfen nehmen." brummelte er weiter. „Dann tun wir es eben wieder raus" antwortete Moritz. „Das geht nicht", antwortete Franz, genervt von soviel Unwissen. Aber Moritz angelte bereits mit seiner Pfote nach dem Spülmittel im Wasser. „Geht wirklich nicht." sagte er. Franz beobachtete die vergeblichen Versuche seines Freundes und überlegte: Vielleicht konnten sie das Spülmittel irgendwie anders aus dem Wasser holen. Plötzlich hatte er eine Idee. Aus dem Regal der Froschküche nahm er sich einen Strohhalm und begann in das Wasser zu pusten. Moritz staunte. In wenigen Minuten entstand ein riesiger Schaumberg. Begeistert nahm auch er sich einen Strohhalm und machte mit. In wenigen Minuten war die Froschküche in einem unglaublich großen Schaumberg verschwunden. Das Spülmittel haben die beiden so nicht aus dem Wasser bekommen, aber ein tolles Experiment, das haben sie erfunden.

Die Idee mit dem Schaumberg hört sich lustig an. Habt Ihr Lust, das Experiment auch einmal auszuprobieren?

Wieso, weshalb, warum?

Ganz einfach – weil es Spaß macht. Aber natürlich greifen wir auch hier ein Phänomen des Alltags auf, um es den Kindern zu erklären. Die Kinder erleben das Phänomen, dass Seife schäumt, beim Baden, beim Händewaschen oder auch beim Geschirrspülen. Aber wie entsteht ein wunderschöner Schaumberg? Dieser Frage gehen wir mit diesem Versuch nach.

Materialliste:

- Spülmittel
- Leitungswasser
- zwei Schüsseln
- ein Strohhalm
- eine Pipette

Versuchsaufbau:

- Füllen Sie zwei große Schüsseln mit Wasser.
- Geben Sie mit der Pipette in eine der Schüsseln ein paar Tropfen Spülmittel.
- Und schon startet der große Seifenspaß, indem Sie mit dem Strohhalm in die Flüssigkeiten blasen. Beobachten Sie genau, in welcher Schüssel es mehr schäumt.

Was passiert?

In der Schüssel mit dem Leitungswasser entstehen, wenn man mit dem Strohhalm Luft hineinpustet, Blasen, die schnell zerplatzen. Eine Schaumbildung ist kaum möglich, denn dafür braucht man ganz viele Blasen. Das liegt an der Oberflächenspannung des Wassers. Damit man Blasen herstellen kann, die nicht zerplatzen, muss die Oberflächenspannung des Wassers herabgesetzt werden. Durch die Zugabe des Spülmittels in der zweiten Schüssel wird die Oberflächenspannung herabgesetzt und die Schaumbildung beginnt direkt, wenn die erste Luft durch den Strohhalm in die Flüssigkeit dringt. Durch das Pusten entstehen viele kleine Blasen, ein Schaumberg, der richtig viel Spaß macht.

Sicherheitshinweis:

Dieser Versuch kann in dieser Form erst durchgeführt werden, wenn die Kinder das Pusten durch den Strohhalm sicher beherrschen. Die Kinder sollten den Unterschied zwischen Saugen und Pusten kennen. Lassen Sie die Kinder z. B. einen Wattebausch oder Tischtennisball quer über einen Tisch pusten. Sollten die Kinder trotzdem bei dem Versuch einmal saugen, sollten sie die Flüssigkeit direkt ausspucken und den Mund ausspülen. Wenn Ihnen das Risiko mit dem Strohhalm zu groß erscheint, kann der Schaum auch durch Bewegung der Hand erzeugt werden.

Mögliche Fortsetzung:

Bauen Sie eine Seifenblasenmaschine: Hierzu stechen Sie in den Boden eines Joghurtbechers ein kleines Loch. Jetzt müssen Sie nur noch etwas Spülmittel auf den Becherboden tropfen und den Becher kopfüber hinauf und hinunter im Wasser bewegen.

Sie können durch ein kleines Schwämmchen aus Schaumstoff vor dem Strohhalm den Grundversuch abwandeln. Genau wie beim Grundversuch pusten Sie dann mit dem Strohhalm vorsichtig in die Spülmittelschüssel. Sehr schnell werden Sie den Unterschied mit und ohne Schwämmchen erkennen. Mit dem Schwämmchen entstehen viele kleine Bläschen, denn durch den Schaumstoff gelangen nur ganz kleine Luftbläschen ins Wasser.

Warum ist Seifenschaum immer weiß?

Franz will's wissen

Müde öffnete Franz seine Augen. Gerade als er überlegte, sich noch einmal umzudrehen, fiel es ihm ein: Heute war das große Sportfest in der Turnhalle im Kindergarten. Schon seit Tagen trainierte er für diesen Wettbewerb. Er wollte unbedingt einen Podestplatz erreichen. Im Weit- und Hochsprung standen seine Chancen sehr gut. Das Beste an diesem Sportfest war, dass es in den einzelnen Disziplinen Preise gab. Der Erste, Zweite und Dritte jeder Disziplin bekam eine Überraschung. Schnell sprang Franz aus dem Bett, frühstückte in der Küche und machte sich auf den Weg zum Kindergarten. Dort war der Wettbewerb bereits in vollem Gang. Franz kam gerade noch rechtzeitig zum Weitsprung. Mutig hüpfte er los und machte einen unglaublich weiten Sprung. Die Kinder klatschten Applaus. Der Sieg in dieser Disziplin gehörte ihm. Freudig stieg er auf das Podest und nahm seine Überraschung entgegen. In der kleinen Schachtel, die die Erzieherin ihm gab, befand sich eine kleine grüne Seife, die aussah wie ein Frosch. „Toll," dachte Franz, „eine Seife extra für mich." Er war ein bisschen spät dran und sauste weiter zum Hochsprung. Auch hier gewann er den Wettbewerb. Heute war unser Franz wirklich gut in Form. Froh über seinen Erfolg, beschloss er, auch noch am Wettrennen teilzunehmen, und siehe da, das viele Training zahlte sich aus. Franz wurde Dritter in diesem Wettbewerb. Jetzt musste er nur noch seine zwei Überraschungen abholen. Im Hochsprung gewann er eine rote Seife, die aussah wie ein Fisch, und für das Wettrennen gab es eine gelbe Seife, die einer Sonne ähnlich sah.

Glücklich hüpfte Franz nach Hause und ließ sich ein Bad ein. Er wollte seine Seifen gleich ausprobieren. Zuerst seifte Franz seinen Körper mit der grünen Froschseife ein. Doch obwohl die Seife grün war, sah ihr Schaum weiß aus. „Komisch," dachte Franz und probierte es mit der roten Fischseife. Aber auch der Schaum der roten Seife war weiß. Langsam wurde Franz ärgerlich, seine letzte Hoffnung war die gelbe Sonnenseife.

Was meint Ihr, ob diese Seife gelben Schaum macht, wie Franz es sich wünscht? Probiert es aus.

Wieso, weshalb, warum?

Dies ist ein Phänomen, das wir täglich beobachten, aber niemals hinterfragen. Auch ich habe mir über dieses kleine Wunder niemals Gedanken gemacht. Wenn ich ehrlich bin, ist es mir nicht einmal aufgefallen. Bis zur Durchführung des Seifengießens, als die Kinder im Anschluss an das Experiment versucht haben, das Wasser mit Lebensmittelfarbe zu färben, um den Schaum bunt zu bekommen.

Materialliste:

- drei Seifen in verschiedenen Farben
- eine große Schüssel mit Leitungswasser
- drei Petrischalen

Versuchsaufbau:

- Waschen Sie sich zuerst mit der weißen Seife die Hände und geben etwas von dem entstandenen Schaum in eine Petrischale.
- Als Nächstes waschen Sie sich die Hände mit der roten Seife und geben wieder etwas Schaum in eine Petrischale.
- Und zuletzt waschen Sie sich die Hände mit der grünen Seife und zweigen etwas Schaum ab.

Was passiert?

Die Seife bildet immer weißen Schaum, selbst wenn die Seife eine andere Farbe hat. Seifenschaum besteht aus vielen Blasen, die außen aus Seife und Wasser bestehen, in der Mitte aber mit Luft gefüllt sind. Wenn das Licht durch diese Blasen scheint, wird es gebrochen, das heißt, dass es seine Richtung ändert. Die Lichtstrahlen werden „durcheinandergebracht", sie scheinen nun in alle möglichen Richtungen. Hinter den Seifenblasen ist das Licht also noch vorhanden, man kann aber nichts mehr durch die Blasen hindurch erkennen. Deshalb entsteht eine (undurchsichtige) weiße Farbe. Das hat mit der ursprünglichen Farbe der Seife gar nichts zu tun.

Seifenblasen

Franz geht auf den Jahrmarkt

Heute war ein toller Sonntag. Franz und seine Eltern würden heute zum Jahrmarkt gehen. Schon lange hatte Franz diesen Wunsch gehabt. Der Frosch war noch nie auf einem Jahrmarkt gewesen, aber er wusste von den Kindern aus dem Kindergarten, dass ein Besuch dort ein großes Abenteuer war. Alle Kinder im Kindergarten hatten bereits mehrfach einen Jahrmarkt besucht. Alle – außer Franz. Heute war es endlich soweit. Sein Traum würde in Erfüllung gehen. Franz hatte seinen Besuch genau geplant: Zuerst wollte er Achterbahn fahren. Danach musste er unbedingt in die Geisterbahn. Und zum Schluss würde er sich den Bauch vollschlagen, mit allem, was solche Jahrmarktbuden an Leckereien zu bieten hatten.

Um drei Uhr nachmittags machte sich die Froschfamilie auf den Weg. Die Froscheltern hielten ihren aufgeregten kleinen Frosch an der Hand. Sie hatten sich zu diesem Ausflug überreden lassen. Keiner der beiden war bisher jemals auf einem Rummelplatz gewesen. Trotzdem wussten beide, dass ein solcher Besuch für Frösche viele Gefahren barg. Doch ihr kleiner Frosch hatte ihnen keine Ruhe gelassen und so versuchten sie Franz durch kluge Worte und eine sichere Hand zu bändigen. Aber Franz hatte heute kein Ohr für die Worte seiner Eltern, und die sichere Hand nutzte er dafür, seine Eltern zum schnelleren Hüpfen zu bewegen. Schon bald sahen sie die bunten Lichter des Festplatzes vor sich, laute Musik und Stimmen schufen eine quirlige Atmosphäre.

Und da war sie, die Achterbahn. Groß wie ein stählernes Monster stand sie vor Franz. Puh, so hatte Franz sich das aber nicht vorgestellt. Die Wagen waren für Frösche nicht geeignet, die Sicherheitsgurte würden ihm nicht passen und so würde er bereits in der ersten Kurve aus dem Wagen geschleudert werden. Enttäuscht ging Franz weiter zur Geisterbahn. Mulmig blickte er auf den Monsteraffen, der ihn am Eingang begrüßte. Nein, entschied Franz, wenn ihm vor der Tür schon ein so gefährliches, freilaufendes Tier begegnete, was für Gefahren würden ihn dann wohl im Inneren erwarten. Dieses Risiko wollte Franz nicht eingehen, da würde er lieber direkt zum Essen übergehen.

Leo aus dem Kindergarten hatte ihm den Tipp gegeben: „Das Leckerste auf dem Jahrmarkt ist die Zuckerwatte!" Und diese wollte Franz jetzt probieren. Doch bevor Franz begriff, was passiert war, fand er sich in einer großen, klebrigen weißen Wolke aus Zucker wieder. War das, was dort an seinen Froschpfoten klebte, etwa die bei den Kindern so begehrte Zuckerwatte? Traurig blickte Franz zu seinen Eltern. Sollten sie recht haben und der Jahrmarkt war kein Ort für Frösche? Langsam trottete Franz weiter und da sah er etwas Unglaubliches – es schillerte bunt und war unbeschreiblich schön. Direkt vor ihm stand ein Clown und pustete die wundervollsten Kugeln in die Luft, die Franz je gesehen hatte. Mit großen Augen verfolgte er die Zauberkugeln, die langsam durch die Luft schwebten und dann irgendwann mit einem leisen Blubb zerplatzen. Franz hätte den schwebenden Kugeln ewig zusehen können, aber seine Eltern drängten zum Aufbruch.
Träumend hüpfte Franz neben ihnen her. Der Jahrmarktbesuch hatte sich gelohnt. So etwas wie heute hatte er noch nie gesehen. So tolle Kugeln gab es bestimmt nur auf dem Rummelplatz, oder?

Wisst Ihr, was für Kugeln der Clown in die Luft gepustet hat? Könnt Ihr auch Kugeln erzeugen, die in der Luft schweben? Versucht es einfach mal, ich habe Euch ein Rezept aufgeschrieben, mit dem Ihr die schwebenden Zauberkugeln machen könnt.

Wieso, weshalb, warum?

Seifenblasen sind Luft in einer flüssigen Außenhaut. Diese schillernden Seifenblasen begeistern auch heute noch große und kleine Menschen. Sie laden ein zum Spielen und Staunen. Sie machen Spaß und die Kinder können sie, mit dem Vorwissen der letzten Versuche, sehr leicht selbst herstellen.

Materialliste:

- ein Becherglas 400ml
- ein Rührstab
- Spülmittel
- Glycerin
- Leitungswasser
- dünne Pfeifenputzer
- ein Suppenteller

Versuchsaufbau:

- Füllen Sie das Becherglas mit 250 ml Wasser.
- Geben Sie 10 ml Glycerin hinzu und verrühren Sie die Flüssigkeiten.
- Im nächsten Schritt geben Sie 20 ml Spülmittel hinzu und rühren nochmals vorsichtig um.
- Jetzt können Sie aus dem Pfeifenputzer eine Schlinge formen.
- Und nun geht's an die frische Luft. Schütten Sie dort die Mischung auf den Suppenteller und nach einem kurzen Eintauchen des Pfeifenputzerrings geht der Spaß richtig los. Entweder kann man durch langsames Bewegen des Rings durch die Luft oder durch Pusten Seifenblasen erzeugen.

Anmerkung: Sollte der Pfeifenputzerring nicht das erhoffte Ergebnis bringen, greifen Sie auf einen handelsüblichen Plastikring zurück. Lassen Sie die Kinder mit verschieden geformten Pfeifenputzern experimentieren. Entstehen bei einem eckigen Ring eckige Seifenblasen?

Was passiert?

Dass das Spülmittel die Oberflächenspannung des Wassers herabsetzt, haben wir in den anderen Versuchen mehrfach erlebt. Diese Eigenschaft des Spülmittels nutzen wir auch bei der Herstellung der Seifenblasen. Das Glycerin verhilft durch seine Eigenschaften der Seifenblase zum längeren „Überleben". Das Wasser würde sonst zu schnell verdunsten und die Blase zerplatzen lassen. Die Luft, die entweder durch die Bewegung des Rings oder durch Pusten entsteht, gibt der Seifenblase ihre Kugelform. Was auch immer wir unternehmen, die Seifenblasen behalten immer eine Kugelform und werden niemals eckig, da die Kugel mit der kleinsten Oberfläche immer die stabilste Form ist.

Mögliche Fortsetzungen:

Versuchen Sie eine Seifenblase in einem leeren Marmeladenglas einzufangen. Wie lange überlebt die Seifenblase im Marmeladenglas? Bevor Sie die Seifenblase einfangen, sollten Sie das Glas von innen mit Spülmittel benetzen.

Oder stellen Sie ein Seifenblasenfenster her, indem Sie die Seifenlösung auf ein Backblech geben und mithilfe eines 2 m langen Baumwollfadens ein Seifenfenster ziehen. Die Kinder können dann, wenn sie ihren Finger vorher in Seifenlauge tunken, mit dem Finger durch das Fenster stechen. Ein Versuch, der Kinder und Erwachsene gleichermaßen fasziniert.

Viel Spaß mit bunter Seife und Duft:

Zum Schluss diese Kapitels noch eine Idee fürs Freispiel. Als Motivation haben wir zum Schluss einen Aktionstag an das Projekt gehängt. Dazu haben wir alle möglichen Sorten von Waschmitteln mitgebracht und miteinander kombiniert. Bunter Duschschaum, Badewasserfarben, knatternde und knisternde Seife, Malseife und duftender Badezusatz haben uns die Seifen einmal von ihrer schönsten Seite erleben lassen. Begeistert haben die Kinder mit diesen Produkten Farbmischungen und neue Düfte kreiert. Sie haben festgestellt, dass sie Wasser mit knisterndem Badezusatz hören können, Wasser mit Duft riechen können und dass das Händewaschen mit Malseife viel mehr Spaß macht als mit normaler Seife.

Eine Geschichte zum Abschluss

Endlich Ferien!

Franz hüpfte mit großen Sprüngen durch den Wald. Sein kleiner Körper war in einen dicken, gelben Pulli gehüllt. Vorne auf dem Pulli war eine Fliege gestickt. Seitdem er in den Kindergarten ging, trug Franz gerne Kleidung, wie die Menschen. Nun besaß er neben seiner Latzhose, die er zum ersten Kindergartentag bekommen hatte, und seinen Wollsocken, die er auf dem Basar gekauft hatte, auch noch diesen wunderschönen Pulli. Lange hatte er auf dieses Prachtstück warten müssen. Kleidung für Frösche gibt es nämlich nicht in einem Modeladen. Das würde sich nicht lohnen, weil Frösche eigentlich niemals Pullover und Hose tragen. Die Kleidung von Franz nähte oder strickte seine Oma aus dem Dschungel extra für ihn, und weil die so weit weg wohnte, musste Franz immer sehr lange auf ihre Pakete warten. Aber heute Morgen war das lange Warten belohnt worden und vor der Froschhöhle hatte ein Päckchen mit dem Pulli und einem Brief gelegen. In dem Brief stand Folgendes:

*Mein lieber kleiner Franz,
ich hoffe Dir geht es gut im fernen kalten Deutschland. Damit Du nicht frieren musst, habe ich Dir einen Pulli gestrickt. Gefällt er Dir? Und nun noch eine Neuigkeit, die Dich bestimmt überraschen wird. Dein Opa und ich sind in eine neue Froschhöhle gezogen. Wir haben uns eine Höhle mit Pool, weit oben in einem Baum, eingerichtet. Damit Du uns besuchen kannst, haben wir auch ein kleines Zimmer für Dich in der neuen Höhle vorbereitet. Du hast doch bald Ferien, hättest Du nicht Lust vorbeizukommen? Opa und ich würden uns riesig freuen.*

*Liebe Grüße und tausend Küsse
sendet Dir Deine Dschungeloma*

WASCHTAG AM WALDTEICH

Stolz betrat Franz in seinem Pulli den Kindergarten und erzählte, dass seine Dschungeloma ihn zu sich eingeladen hatte. Franz freute sich. Urlaub im Dschungel, das würde bestimmt aufregend werden. Es war nicht mehr lange hin bis zu den Ferien, Franz musste also direkt mit seinen Reisevorbereitungen beginnen. Aber was brauchte ein Frosch im Dschungel? Auf jeden Fall packte Franz seinen Kompass ein, damit er den Weg durch die vielen Pflanzen im Dschungel fand. Zur Sicherheit, gegen die vielen wilden Tiere, nahm er ein Megaphon mit. Das ist ein Gerät, das die Stimme um ein Vielfaches verstärkt. Sollte eines der Tiere ihn angreifen wollen, würde er laut in das Megaphon quaken und die Tiere somit in die Flucht schlagen. Musste er sich trotz dieses tollen Schutzes einmal verstecken, hatte Franz auch schon einen Plan. Er würde Pluto, die Schildkröte aus dem Wald, bitten, ihm ihren Panzer zu leihen. Unter einem Schildkrötenpanzer würde bestimmt keines der Dschungeltiere einen Frosch vermuten. Franz war vorbereitet, die Reise konnte beginnen. In genau zwei Wochen ging sein Flug. Seine Großeltern würden ihn am Dschungelflughafen abholen.

Leider können wir nicht mit Franz in den Dschungel reisen und müssen hier warten, bis er zurückkommt.

Vielleicht forscht Ihr in Eurem Kindergarten einfach ohne Franz weiter oder Ihr macht eine Forscherpause und wartet, bis Franz zu Euch zurückkommt.

Der Bildungslichtblick:

Am Ende dieser Versuchsreihe werden die Kinder:
- wissen, dass Wasser eine Haut hat,
- erfahren haben, dass Spülmittel die Haut des Wassers zerstört,
- ausprobiert haben, warum Schaum immer weiß ist,
- wissen, dass das Waschen der Hände mit Seife wichtig ist,
- wissen, wie sie Seifenblasen selber herstellen können.

Zum guten Schluss

Im folgenden Kapitel hänge ich ein paar „Lückenfüller" für den Kindergartenalltag an. Wer kennt die Situation nicht – es sind noch fünf Minuten bis zum Mittagessen oder zum Abholen zu überbrücken. Sie können an dieser Stelle ein Lied singen oder eine kurze Geschichte vorlesen, aber Sie können auch auf die Forschungsarbeit der Kinder am Vormittag eingehen und sie mit ein paar Forscherfragen begeistern. Vielleicht ergänzen Sie Ihre vorhandene Sammlung an Quizfragen und Mitmachgeschichten durch ein paar aus dem Bereich des Forschens. Probieren Sie die Fragen doch in Ihrem Team aus, einige sind nämlich ohne Vorkenntnisse gar nicht so leicht zu lösen.

Wissensquiz für schlaue Kids

Forscherreime:

Des Menschen Freund,
des Schmutzes Feind,
wird in der Maschine
mit Wasser vereint.
Der Dreck fließt weg,
der Duft der bleibt,
jetzt sag mir, was suche ich hier?

(Waschmittel)

Es ist im Teich und ziemlich nass,
das macht dem Frosch
oft richtig Spaß.
Es schimmert blau
und ist doch klar,
im Sommer schmeckt
es wunderbar.
Sag mir, was suche hier?

(Wasser)

Ein Konkurrent, der neckt ihn so
Es ist ein kleiner ...

(Wasserfloh)

Ein Frosch, der lebt am Teich
und spielt den Tieren so manchen Streich.
Er trägt eine Brille auf der Nase
und hüpft so ähnlich wie ein Hase.
Er ist nicht gelb, er ist nicht blau.
Er ist ein Tier und ganz schön schlau.
Sag mir, welchen Namen trägt das Tier?

(Franz Frosch)

Franz ist kein bekannter Sänger
und auch kein Insektenfänger.
Auch das Kochen liegt ihm nicht,
was macht er nur, der grüne Wicht?

(Forscher)

Die Fische im Meer,
die mögen es sehr.
Die Tiere im Wald
verfluchen es bald.
Es soll hier nicht sein,
es gehört hier nicht hin,
beim Würzen von Speisen,
da hat es mehr Sinn!

(Salz)

Es ist grün, blau, gelb und rot,
doch im Wasser droht
ihm der Farbentod.
Es ist ein wahrer Spülbeckenzauber,
denn Teller und Tassen
die werden gleich sauber.

(Spülmittel)

Es schillert bunt und ist kugelrund.
Es besteht aus Luft und hat
einen angenehmen Duft.
Sag mir, was suche ich hier?

(Seifenblasen)

Es sieht aus wie ein Kristall,
doch im Wasser droht ihm der Zerfall.

(Salzkorn)

Forscherfragen:

Gibt es eckige Seifenblasen?
A) Ja, wenn ich die Seifenmischung durch einen eckigen Draht ziehe, werden die Seifenblasen eckig.
B) Nein, Seifenblasen sind immer rund.

Woraus besteht Salz?
A) Aus Kristallen.
B) Aus vielen kleinen Zuckerkörnchen.

Was passiert, wenn ich eine Salzlösung erhitze?
A) Die Salzkörner fangen an zu springen.
B) Das Salz verschwindet.

Kann ich mit roter Seife beim Händewaschen roten Schaum erzeugen?
A) Ja, je nach Farbe der Seife färbt sich der Schaum bunt.
B) Nein, der Schaum bleibt immer weiß.

Was passiert beim Spülen mit dem Schmutz?
A) Das Spülmittel „frisst" den Schmutz.
B) Das Spülmittel zieht den Schmutz ins Wasser und er wird mit fortgespült.

Was passiert, wenn ich Salz im warmen Wasser auflöse und an einen sonnigen Ort stelle?
A) Das Wasser verdunstet und es bilden sich Kristalle.
B) Am nächsten Tag sind das Salz und das Wasser verschwunden.

Kann ich Seifenblasen in einem Marmeladenglas mehrere Tage aufheben?
A) Kein Problem, Deckel auf, Seifenblase einfangen und Deckel wieder zu.
B) Nein, die Seifenblase zerplatzt im Glas.

Was passiert, wenn ich grünes Spülmittel in Wasser gebe?
A) Das Wasser färbt sich grün.
B) Das Wasser bleibt klar.

Womit wasche ich meine Kleidung?
A) Mit Spülmittel
B) Mit Vollwaschmittel
C) Mit Wasser

Zu welchen Themen habt Ihr in diesem Buch geforscht?
A) Strom und Magnetismus
B) Salz und Tenside

Und, habt Ihr alle Fragen richtig beantwortet? Wenn ja (ein paar kleine Fehler sind nicht schlimm), habt Ihr euch das Forscherdiplom wirklich verdient.

Diplom
der Alltagschemie

Für:

_____

In den letzten Wochen hast Du Dir durch herausragende Forschungsarbeit zu den Themen Salz und Waschmittel diese Auszeichnung verdient.

(Gezeichnet: Franz Frosch)

Eine Geschichte zum Erleben und Bewegen

Bei der folgenden Geschichte geht es darum, die Kinder zum Mitmachen und Bewegen zu motivieren. Sie sollen die Handlungen von Franz in Bewegung umsetzen. Im zweiten Teil der Geschichte brauchen die Kinder für ihre Aktion eine Papprolle, zum Beispiel eine leere Küchenrolle. So wird die Geschichte nicht nur zu einer Mitmachgeschichte, sondern auch zu einem wissenschaftlichen Experiment.

Ein „Loch" in der Froschpfote?!

Früh am Morgen hüpfte Franz mit einem großen Sprung aus seinem Bett. Verschlafen rieb er sich den letzten Schlaf aus den Augen. Ein neuer Tag konnte beginnen. Franz freute sich auf viele Abenteuer. Erwartungsvoll schaute er aus dem Fenster, es regnete und ein heftiger Wind blies die Blätter von den Bäumen. Oje, bei dem Wetter durfte er bestimmt nicht in den Wald. Zu gefährlich, zu kalt und zu dreckig, würde seine Mutter sagen, da brauchte er gar nicht erst zu fragen. Schade, zu gerne wäre er ein paar Runden im Waldteich geschwommen. Aber der Regen ließ dieses Abenteuer heute nicht zu. Vielleicht konnte er ein paar Runden Fahrrad fahren? Doch diesen Plan verwarf Franz sofort, sein Fahrrad war noch ganz neu und würde bei dem Regen schmutzig werden. Franz grübelte weiter, was konnte er bloß an diesem verregneten Tag tun?

Habt Ihr vielleicht eine Idee?

Die Ideen der Kinder sollen an dieser Stelle gesammelt und in Bewegung umgesetzt werden. Zum Beispiel könnte Franz: Tanzen, Klatschen, Springen, Fliegen …

Plötzlich kam Franz eine gute Idee. Frohen Mutes hüpfte er in sein Forscherlabor. Eins, zwei, drei, vier, fünf Hüpfer und schon stand er im Labor. Gewissenhaft zog er zuerst seinen Forscherkittel an und setzte seine Forscherbrille auf. Franz schaute in den Spiegel, gut sah er aus, professionell wie immer! Fröhlich pfeifend schaute er sich im Labor um. „Mal sehen, was ich heute erfinden kann", murmelte er vor sich her. Auf einmal blieb sein Blick an einer Pappröhre hängen, die ganz hinten in einer dunklen Ecke lag. Franz nahm die Rolle vor sein rechtes Auge und schaute hindurch. Er schaute aus dem Fenster in die Ferne. Schön sah der verregnete Wald aus diesem Blickwinkel aus. Franz nahm seine linke Froschpfote und führte sie quer von der Seite zur Papprolle, bis sie die Rolle berührte. Nun blickte Franz gleichzeitig auf den Hintergrund und seine linke Froschpfote. Erschrocken schaute Franz noch einmal seine Pfote an. Sie hatte ein Loch!? Franz hatte den Eindruck, mit dem Rohr durch seine Pfote zu schauen. Aber das konnte doch nicht sein. Franz nahm das Rohr von seinem Auge und blickte mit beiden Augen auf seine Pfote. So ein Glück, sie war noch ganz. Franz hielt das Rohr zurück an sein Auge und wieder sah es so aus, als ob ein Loch in seiner Froschpfote wäre. Da hatte er aber eine riesige Erfindung gemacht: Ein Fernrohr, das Löcher in Froschpfoten zaubert, das gab es bestimmt noch nirgendwo auf der ganzen Welt.

Wisst Ihr, wie Franz das gemacht hat? Probiert es doch gleich selber einmal aus!

Ein Lied von Franz

M: überliefert T: Stephanie Geilmann

Literatur:

Berger, Ulrike/Kersten, Detlef: Die Bad-Werkstatt. Spannende Experimente in Wanne und Waschbecken. Velber Verlag: Freiburg 2007

Berger, Ulrike/Kersten, Detlef: Die Luft-Werkstatt. Spannende Experimente mit Atem, Luft und Wind. Velber Verlag: Freiburg 2005

Bildungswerk der Bayrischen Wirtschaft e. V.: Es funktioniert?! Kinder in der Welt der Technik. Ein Projekt-Ideen-Buch. Don Bosco: München 2007

Borgmann, Nicole: Forschen mit Franz Frosch. Technische Phänomene mit Spaß erkunden. Verlag Herder: Freiburg 2009

Charpak, Georges: Wissenschaft zum Anfassen – Naturwissenschaften in Kindergarten und Grundschule. Beltz: Weinheim Basel 2006

Dahle, Gabriele: Naturwissenschaften im Kindergarten, in: Textor, Martin R. (Hrsg.): Kindergartenpädagogik-Online-Handbuch, 2009 (www.kindergartenpaedagogik.de)

Elschenbroich, Donata: Internetartikel „Schweinerei? Nein! Experiment!" Internetseite: www.welt.de/print-welt/article180519/Schweinerei_Nein_Experiment.html, 2005

Fthenakis, W. E., Daut, M., Eitel, A., Schmitt, A., Wendell, A.: Natur Wissen schaffen. Bd. 6: Portfolios im Elementarbereich. Bildungsverlag EINS: Troisdorf 2009

Henneberg, Rosy, Klein, Helke, Klein, Lothar, Vogt, Herbert (Hrsg.): Mit Kindern leben, lernen, forschen und arbeiten. Kindzentrierung in der Praxis. Kallmeyer'sche Verlagsbuchhandlung: Seelze 2004

Jenny, Peter: Bildrezepte. Die Suche des ordnungsliebenden Auges nach dem zum Widerspruch neigenden Gedanken. vdf Hochschulverlag: Zürich 1996

Krekeler, Hermann: Die kleinen Entdecker – Forschungsreisen zu Hause. Verlag Herder: Freiburg 2007

Krekeler, Hermann/Rieper-Bastian, Marlies: Experimente einfach verblüffend. Ravensburger: Weingarten 1994

Press, Hans Jürgen: Spiel, das Wissen schafft. Ravensburger: Weingarten 1995

Saan, Anita van: 365 Experimente für jeden Tag. moses Verlag: Kempen 2002

Saulles, Tony de: Ein Knaller, die Chemie! Nick Arnold III. Loewe: Bindlach 1998

Scheuer, Rupert/Lucas, Hildegard: Naturwissenschaften ganz einfach. Chemie im Alltag. Bd 5. Bildungsverlag EINS. Troisdorf 2007

Scheuer, Rupert: Fortbildung „Was passiert wenn?" Naturwissenschaftliche Experimente für Kinder. Universität Dortmund. Lehrstuhl für Didaktik der Chemie (unveröffentlichte Unterlagen)

Verband der Kali- und Salzindustrie e. V.: Die kleine Salzwerkstatt – Arbeitsblätter zum Lesen und Lernen (Internet)

Windt, Anna/Melle, Insa: Forschungsprojekt „Naturwissenschaftliches Experimentieren im Elementarbereich" Teil 2 – Forscher-Ecke – Experimente zu Wasser. Universität Dortmund. Fachbereich Chemie (unveröffentlichte Unterlagen)

Windt, Anna/Melle, Insa: Forschungsprojekt „Naturwissenschaftliches Experimentieren im Elementarbereich" Teil 3 – Kleingruppe – Experimente zu Waschmittel. Universität Dortmund. Fachbereich Chemie (unveröffentlichte Unterlagen)